1ねん

実力アップ
計算
れんしゅうノート

けい さん りょく
計算力がぐんぐんのびる！

このふろくは
すべての教科書に対応した
全教科書版です。

ねん	くみ	なまえ

「計算れんしゅうノート」はとりはずして使用できます。

1 たしざん (1)

じかん
20
ぷん

🦁 たしざんを しましょう。　　　　　　　1つ6〔90てん〕

① 3+2　　　② 4+3　　　③ 1+2

④ 5+4　　　⑤ 7+3　　　⑥ 8+1

⑦ 6+4　　　⑧ 9+1　　　⑨ 4+4

⑩ 7+2　　　⑪ 5+5　　　⑫ 6+2

⑬ 1+9　　　⑭ 3+6　　　⑮ 2+8

🐨 あかい ふうせんが 5こ、あおい ふうせんが
2こ あります。ふうせんは、あわせて なんこ
ありますか。

1つ5〔10てん〕

しき

こたえ (　　　　　　　)

2 たしざん (2)

🐻 たしざんを しましょう。

1つ6〔90てん〕

① 3+4　② 2+2　③ 3+7

④ 5+3　⑤ 8+2　⑥ 1+8

⑦ 2+4　⑧ 3+1　⑨ 4+5

⑩ 1+7　⑪ 6+3　⑫ 5+1

⑬ 4+2　⑭ 9+1　⑮ 2+5

🦔 こどもが 6にん います。4にん きました。
みんなで なんにんに なりましたか。

1つ5〔10てん〕

しき

こたえ (　　　　　)

3 たしざん(3)

🐨 たしざんを　しましょう。　　　　　　　　　　1つ6〔90てん〕

① 2+3　　　② 1+5　　　③ 7+1

④ 4+1　　　⑤ 3+3　　　⑥ 6+3

⑦ 2+6　　　⑧ 1+6　　　⑨ 8+2

⑩ 1+3　　　⑪ 5+2　　　⑫ 4+6

⑬ 6+1　　　⑭ 2+7　　　⑮ 3+5

🐻 いちごの　けえきが　4こ　あります。めろんの
けえきが　5こ　あります。けえきは、ぜんぶで
なんこ　ありますか。

1つ5〔10てん〕

しき

こたえ(　　　　　)

4 たしざん⑷

🦁 たしざんを しましょう。　　　　　　　1つ6〔90てん〕

① 3＋1　　② 3＋7　　③ 4＋4

④ 6＋2　　⑤ 1＋9　　⑥ 3＋2

⑦ 2＋2　　⑧ 1＋7　　⑨ 5＋1

⑩ 7＋2　　⑪ 4＋2　　⑫ 5＋5

⑬ 8＋1　　⑭ 6＋4　　⑮ 5＋3

🐨 とんぼが 4ひき います。6ぴき とんで くると、
ぜんぶで なんびきに なりますか。　　　　1つ5〔10てん〕

しき

こたえ (　　　　　)

5 ひきざん (1)

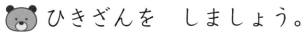 ひきざんを しましょう。

1つ6〔90てん〕

① 5-1　　② 7-3　　③ 9-2

④ 10-4　　⑤ 6-4　　⑥ 4-3

⑦ 9-1　　⑧ 8-3　　⑨ 10-5

⑩ 2-1　　⑪ 9-6　　⑫ 8-7

⑬ 7-4　　⑭ 10-9　　⑮ 3-2

🦔 くるまが 6だい とまって います。3だい でて
いきました。のこりは なんだいですか。

1つ5〔10てん〕

しき

こたえ (　　　　　)

6 ひきざん ⑵

🐨 ひきざんを しましょう。

1つ6〔90てん〕

① 3－1　　② 9－8　　③ 8－1

④ 9－5　　⑤ 7－6　　⑥ 10－2

⑦ 10－6　　⑧ 4－2　　⑨ 5－4

⑩ 6－3　　⑪ 7－1　　⑫ 8－5

⑬ 8－2　　⑭ 9－4　　⑮ 10－8

🐻 あめが 7こ あります。4こ たべました。
のこりは なんこですか。

1つ5〔10てん〕

しき

こたえ (　　　　　)

7 ひきざん (3)

🦁 ひきざんを しましょう。

1つ6〔90てん〕

① 4−1　　② 9−7　　③ 10−1

④ 7−5　　⑤ 6−2　　⑥ 8−4

⑦ 10−3　　⑧ 5−2　　⑨ 6−5

⑩ 7−2　　⑪ 6−1　　⑫ 5−3

⑬ 8−2　　⑭ 10−7　　⑮ 2−1

🐨 しろい うさぎが 9ひき、くろい うさぎが 6ぴき います。しろい うさぎは なんびき おおいですか。

1つ5〔10てん〕

しき

こたえ (　　　　　)

8

8 ひきざん (4)

🐻 ひきざんを　しましょう。

1つ6〔90てん〕

① 7－1　　　② 5－4　　　③ 9－6

④ 10－2　　　⑤ 8－7　　　⑥ 7－4

⑦ 10－4　　　⑧ 8－2　　　⑨ 9－8

⑩ 10－5　　　⑪ 7－5　　　⑫ 3－2

⑬ 8－5　　　⑭ 10－8　　　⑮ 9－2

🦁 わたあめが　7こ、ちょこばななが　3こ　あります。
ちがいは　なんこですか。

1つ5〔10てん〕

しき

こたえ (　　　　　　　)

9　おおきい　かずの　けいさん(1)

🐨 けいさんを　しましょう。

1つ6〔90てん〕

① 10+4　　② 10+2　　③ 10+8

④ 10+1　　⑤ 10+7　　⑥ 10+9

⑦ 10+6　　⑧ 13−3　　⑨ 15−5

⑩ 19−9　　⑪ 17−7　　⑫ 14−4

⑬ 11−1　　⑭ 18−8　　⑮ 16−6

🐻 えんぴつが　12ほん　あります。2ほん
けずりました。けずって　いない　えんぴつは、
なんぼんですか。

1つ5〔10てん〕

しき

こたえ（　　　　　）

10

10 おおきい　かずの　けいさん (2)

🦔 けいさんを　しましょう。　　　　　1つ6〔90てん〕

① 13+2　　② 14+3　　③ 15+2

④ 13+6　　⑤ 15+1　　⑥ 11+6

⑦ 12+5　　⑧ 18-2　　⑨ 19-5

⑩ 17-3　　⑪ 15-4　　⑫ 16-3

⑬ 14-1　　⑭ 13-2　　⑮ 19-7

🐨 ちょこれえとが　はこに　12こ、ばらで　3こ
あります。あわせて　なんこ　ありますか。　　1つ5〔10てん〕

しき

こたえ（　　　　　）

11 3つの かずの けいさん (1)

🐻 けいさんを しましょう。

1つ10〔90てん〕

① 3+4+1

② 1+2+5

③ 2+3+4

④ 9+1+2

⑤ 6+4+5

⑥ 9−3−2

⑦ 7−2−1

⑧ 13−3−2

⑨ 16−6−5

🦁 あめが 12こ あります。2こ たべました。いもうとに 2こ あげました。あめは、なんこ のこって いますか。

1つ5〔10てん〕

しき

こたえ (　　　　)

12 3つの かずの けいさん ⑵

じかん **20** ぷん

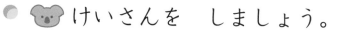

🐨 けいさんを しましょう。　　　　1つ10〔90てん〕

① 7−2+3

② 5−1+4

③ 8−4+5

④ 10−8+4

⑤ 10−6+3

⑥ 5+3−2

⑦ 2+3−1

⑧ 5+5−3

⑨ 1+9−5

🐻 りんごが 4こ あります。6こ もらいました。
3こ たべました。りんごは、なんこ のこって
いますか。

1つ5〔10てん〕

しき

こたえ (　　　　　　　)

 **13** たしざん（5）

とくてん

/100てん

🦁 たしざんを しましょう。

1つ6〔90てん〕

① 9＋3　　② 5＋6　　③ 7＋4

④ 6＋5　　⑤ 8＋5　　⑥ 3＋9

⑦ 7＋7　　⑧ 9＋6　　⑨ 5＋8

⑩ 2＋9　　⑪ 8＋3　　⑫ 6＋7

⑬ 8＋7　　⑭ 4＋8　　⑮ 9＋9

🐨 おすの らいおんが 8とう、めすの らいおんが
4とう います。らいおんは みんなで なんとう
いますか。

1つ5〔10てん〕

しき

こたえ（　　　　　）

14 たしざん (6)

🐻 たしざんを しましょう。

1つ6〔90てん〕

① 4+8　　② 7+5　　③ 6+8

④ 4+9　　⑤ 3+8　　⑥ 9+8

⑦ 9+2　　⑧ 6+7　　⑨ 6+9

⑩ 5+7　　⑪ 9+5　　⑫ 6+6

⑬ 8+6　　⑭ 7+8　　⑮ 7+9

🦁 はとが 7わ います。あとから 6わ とんで
きました。はとは あわせて なんわに なりましたか。

しき

1つ5〔10てん〕

こたえ (　　　　　)

15 たしざん (7)

🐨 たしざんを しましょう。　　　　　　　　　1つ6〔90てん〕

① 6+9　　② 5+6　　③ 3+8

④ 9+4　　⑤ 7+5　　⑥ 4+7

⑦ 8+8　　⑧ 5+9　　⑨ 7+8

⑩ 9+7　　⑪ 7+7　　⑫ 7+6

⑬ 2+9　　⑭ 6+7　　⑮ 8+9

🐻 きんぎょを 5ひき かって います。7ひき
もらいました。きんぎょは、ぜんぶで なんびきに
なりましたか。
　　　　　　　　　　　　　　　　　　　1つ5〔10てん〕

しき

こたえ (　　　　　)

16 たしざん (8)

🦁 たしざんを しましょう。

1つ6〔90てん〕

① 5+8　　② 8+7　　③ 9+9

④ 6+6　　⑤ 3+9　　⑥ 8+4

⑦ 7+9　　⑧ 4+8　　⑨ 4+9

⑩ 9+3　　⑪ 6+8　　⑫ 6+5

⑬ 8+9　　⑭ 5+7　　⑮ 9+6

🐨 みかんが おおきい かごに 9こ、ちいさい
かごに 5こ あります。あわせて なんこですか。

1つ5〔10てん〕

しき

こたえ (　　　　　)

17

17 たしざん（9）

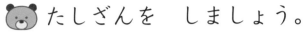 たしざんを　しましょう。

1つ6〔90てん〕

❶ 9＋5　　　❷ 6＋8　　　❸ 8＋8

❹ 5＋7　　　❺ 9＋2　　　❻ 4＋8

❼ 3＋9　　　❽ 9＋8　　　❾ 7＋9

❿ 9＋4　　　⓫ 8＋3　　　⓬ 6＋9

⓭ 7＋4　　　⓮ 9＋7　　　⓯ 7＋6

にわとりが　きのう　たまごを　5こ　うみました。
きょうは　8こ　うみました。あわせて　なんこ
うみましたか。

1つ5〔10てん〕

しき

こたえ（　　　　　）

18 ひきざん (5)

🐨 ひきざんを　しましょう。

1つ6〔90てん〕

① 11−4　　② 17−8　　③ 13−5

④ 16−7　　⑤ 14−6　　⑥ 11−2

⑦ 18−9　　⑧ 11−7　　⑨ 15−6

⑩ 14−5　　⑪ 13−9　　⑫ 12−6

⑬ 15−9　　⑭ 12−8　　⑮ 13−4

🐻 たまごが　12こ　あります。けえきを　つくるのに
7こ　つかいました。たまごは、なんこ　のこって
いますか。

1つ5〔10てん〕

しき

こたえ（　　　　　）

19 ひきざん ⑹

🦁 ひきざんを　しましょう。　　　　　　　　　　1つ6〔90てん〕

① 17−9　　　② 12−3　　　③ 14−7

④ 11−6　　　⑤ 16−8　　　⑥ 12−4

⑦ 15−8　　　⑧ 13−8　　　⑨ 13−7

⑩ 14−9　　　⑪ 14−8　　　⑫ 12−5

⑬ 15−7　　　⑭ 11−9　　　⑮ 13−6

🐨 おかしが　13こ　あります。4こ　たべると、
のこりは　なんこですか。　　　　　　　　1つ5〔10てん〕

しき

こたえ (　　　　　　)

20 ひきざん (7)

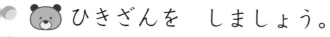ひきざんを　しましょう。

1つ6〔90てん〕

① 17−8　　② 14−6　　③ 13−9

④ 12−7　　⑤ 11−3　　⑥ 16−9

⑦ 18−9　　⑧ 14−5　　⑨ 15−6

⑩ 11−5　　⑪ 12−9　　⑫ 13−4

⑬ 15−9　　⑭ 11−8　　⑮ 16−7

おやの　しまうまが　14とう、こどもの
しまうまが　9とう　います。おやの　しまうまは
なんとう　おおいですか。

1つ5〔10てん〕

しき

こたえ (　　　　　　)

21 ひきざん(8)

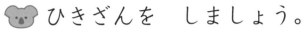

🐨 ひきざんを しましょう。　　　　　　　1つ6〔90てん〕

① 13－7　　　② 11－8　　　③ 12－5

④ 11－2　　　⑤ 15－6　　　⑥ 16－7

⑦ 12－8　　　⑧ 13－6　　　⑨ 11－4

⑩ 12－9　　　⑪ 16－8　　　⑫ 14－7

⑬ 11－5　　　⑭ 14－9　　　⑮ 12－4

🐻 はがきが 15まい、ふうとうが 7まい あります。
はがきは ふうとうより なんまい おおいですか。

しき　　　　　　　　　　　　　　　　　　1つ5〔10てん〕

こたえ (　　　　　　　)

22 ひきざん (9)

🦁 ひきざんを しましょう。　　　　　　　　　1つ6〔90てん〕

① 11−7　　　② 16−9　　　③ 12−3

④ 14−5　　　⑤ 12−7　　　⑥ 11−9

⑦ 17−8　　　⑧ 15−8　　　⑨ 13−9

⑩ 12−6　　　⑪ 17−9　　　⑫ 11−6

⑬ 11−3　　　⑭ 12−4　　　⑮ 14−8

🐨 さつきさんは えんぴつを 13ぼん もって います。
おとうとに 5ほん あげると、なんぼん
のこりますか。

1つ5〔10てん〕

しき

こたえ (　　　　　　)

23　おおきい　かずの　けいさん(3)

🐻 けいさんを　しましょう。　　　　　　　　　1つ6[90てん]

① 10+50　　② 20+30　　③ 50+40

④ 10+90　　⑤ 30+60　　⑥ 40+60

⑦ 20+80　　⑧ 40−10　　⑨ 60−20

⑩ 90−50　　⑪ 90−30　　⑫ 70−40

⑬ 100−30　　⑭ 100−50　　⑮ 100−80

🦁 いろがみが　80まい　あります。20まい
つかいました。のこりは　なんまいですか。　　　1つ5[10てん]

しき

こたえ (　　　　　　)

24 おおきい　かずの　けいさん⑷

🐨 けいさんを　しましょう。　　　　　　　　1つ6〔90てん〕

① 30＋7　　② 60＋3　　③ 40＋8

④ 54－4　　⑤ 83－3　　⑥ 76－6

⑦ 37－7　　⑧ 94＋4　　⑨ 55＋3

⑩ 43＋4　　⑪ 32＋5　　⑫ 98－3

⑬ 56－1　　⑭ 47－4　　⑮ 39－6

🐻 あかい　いろがみが　30まい、あおい　いろがみが　8まい　あります。いろがみは　あわせて　なんまい　ありますか。

1つ5〔10てん〕

しき

こたえ（　　　　　）

25 とけい (1)

とけいを よみましょう。

①

②

③

④

⑤

⑥

⑦

⑧

⑨

⑩

とくてん

/100てん

26 とけい (2)

🐨 とけいを　よみましょう。

1つ10〔100てん〕

①

②

③

④

⑤

⑥

⑦

⑧

⑨

⑩

27 たしざんと ひきざんの ふくしゅう⑴

じかん 20 ぷん

🐻 けいさんを しましょう。

1つ6〔90てん〕

① 8＋6　　② 5＋4　　③ 9＋3

④ 7＋5　　⑤ 4＋8　　⑥ 6＋6

⑦ 11－3　　⑧ 15－7　　⑨ 10－5

⑩ 9－6　　⑪ 13－8　　⑫ 14－6

⑬ 3＋7－5　　⑭ 4－2＋6　　⑮ 13－3－1

🦔 こどもが 7にん います。おとなが 6にん います。あわせて なんにん いますか。

1つ5〔10てん〕

しき

こたえ（　　　　）

28 たしざんと ひきざんの ふくしゅう⑵

じかん **20** ぷん

🐨 けいさんを しましょう。

1つ6〔90てん〕

① 80＋2　　② 70＋9　　③ 40＋3

④ 86－6　　⑤ 63－3　　⑥ 52－2

⑦ 100－30　　⑧ 100－50　　⑨ 100－90

⑩ 26＋1　　⑪ 53＋5　　⑫ 23＋4

⑬ 57－3　　⑭ 68－5　　⑮ 77－4

🐻 みかんを 12こ かいました。りんごは
みかんより 3こ すくなく かいました。りんごは
なんこ かいましたか。

1つ5〔10てん〕

しき

こたえ（　　　　）

こたえ

1　① 5　② 7　③ 3　④ 9　⑤ 10　⑥ 9　⑦ 10　⑧ 10　⑨ 8　⑩ 9　⑪ 10　⑫ 8　⑬ 10　⑭ 9　⑮ 10
しき 5＋2＝7　　　　　こたえ 7こ

2　① 7　② 4　③ 10　④ 8　⑤ 10　⑥ 9　⑦ 6　⑧ 4　⑨ 9　⑩ 8　⑪ 9　⑫ 6　⑬ 6　⑭ 10　⑮ 7
しき 6＋4＝10　　　　こたえ 10にん

3　① 5　② 6　③ 8　④ 5　⑤ 6　⑥ 9　⑦ 8　⑧ 7　⑨ 10　⑩ 4　⑪ 7　⑫ 10　⑬ 7　⑭ 9　⑮ 8
しき 4＋5＝9　　　　　こたえ 9こ

4　① 4　② 10　③ 8　④ 8　⑤ 10　⑥ 5　⑦ 4　⑧ 8　⑨ 6　⑩ 9　⑪ 6　⑫ 10　⑬ 9　⑭ 10　⑮ 8
しき 4＋6＝10　　　　こたえ 10ぴき

5　① 4　② 4　③ 7　④ 6　⑤ 2　⑥ 1　⑦ 8　⑧ 5　⑨ 5　⑩ 1　⑪ 3　⑫ 1　⑬ 3　⑭ 1　⑮ 1
しき 6－3＝3　　　　　こたえ 3だい

6　① 2　② 1　③ 7　④ 4　⑤ 1　⑥ 8　⑦ 4　⑧ 2　⑨ 1　⑩ 3　⑪ 6　⑫ 3　⑬ 6　⑭ 5　⑮ 2
しき 7－4＝3　　　　　こたえ 3こ

7　① 3　② 2　③ 9　④ 2　⑤ 4　⑥ 4　⑦ 7　⑧ 3　⑨ 1　⑩ 5　⑪ 5　⑫ 2　⑬ 6　⑭ 3　⑮ 1
しき 9－6＝3　　　　　こたえ 3びき

8　① 6　② 1　③ 3　④ 8　⑤ 1　⑥ 3　⑦ 6　⑧ 6　⑨ 1　⑩ 5　⑪ 2　⑫ 1　⑬ 3　⑭ 2　⑮ 7
しき 7－3＝4　　　　　こたえ 4こ

9　① 14　② 12　③ 18　④ 11　⑤ 17　⑥ 19　⑦ 16　⑧ 10　⑨ 10　⑩ 10　⑪ 10　⑫ 10　⑬ 10　⑭ 10　⑮ 10
しき 12－2＝10　　　　こたえ 10ぽん

10　① 15　② 17　③ 17　④ 19　⑤ 16　⑥ 17　⑦ 17　⑧ 16　⑨ 14　⑩ 14　⑪ 11　⑫ 13　⑬ 13　⑭ 11　⑮ 12
しき 12＋3＝15　　　　こたえ 15こ

11　❶ 8　　❷ 8
　　❸ 9　　❹ 12
　　❺ 15　　❻ 4
　　❼ 4　　❽ 8
　　❾ 5
　　しき 12−2−2＝8　　　　こたえ 8 こ

12　❶ 8　　❷ 8
　　❸ 9　　❹ 6
　　❺ 7　　❻ 6
　　❼ 4　　❽ 7
　　❾ 5
　　しき 4＋6−3＝7　　　　こたえ 7 こ

13　❶ 12　❷ 11　❸ 11
　　❹ 11　❺ 13　❻ 12
　　❼ 14　❽ 15　❾ 13
　　❿ 11　⓫ 11　⓬ 13
　　⓭ 15　⓮ 12　⓯ 18
　　しき 8＋4＝12　　　　こたえ 12 とう

14　❶ 12　❷ 12　❸ 14
　　❹ 13　❺ 11　❻ 17
　　❼ 11　❽ 13　❾ 15
　　❿ 12　⓫ 14　⓬ 12
　　⓭ 14　⓮ 15　⓯ 16
　　しき 7＋6＝13　　　　こたえ 13 わ

15　❶ 15　❷ 11　❸ 11
　　❹ 13　❺ 12　❻ 11
　　❼ 16　❽ 14　❾ 15
　　❿ 16　⓫ 14　⓬ 13
　　⓭ 11　⓮ 13　⓯ 17
　　しき 5＋7＝12　　　　こたえ 12 ひき

16　❶ 13　❷ 15　❸ 18
　　❹ 12　❺ 12　❻ 12
　　❼ 16　❽ 12　❾ 13
　　❿ 12　⓫ 14　⓬ 11
　　⓭ 17　⓮ 12　⓯ 15
　　しき 9＋5＝14　　　　こたえ 14 こ

17　❶ 14　❷ 14　❸ 16
　　❹ 12　❺ 11　❻ 12
　　❼ 12　❽ 17　❾ 16
　　❿ 13　⓫ 11　⓬ 15
　　⓭ 11　⓮ 16　⓯ 13
　　しき 5＋8＝13　　　　こたえ 13 こ

18　❶ 7　　❷ 9　　❸ 8
　　❹ 9　　❺ 8　　❻ 9
　　❼ 9　　❽ 4　　❾ 9
　　❿ 9　　⓫ 4　　⓬ 6
　　⓭ 6　　⓮ 4　　⓯ 9
　　しき 12−7＝5　　　　こたえ 5 こ

19　❶ 8　　❷ 9　　❸ 7
　　❹ 5　　❺ 8　　❻ 8
　　❼ 7　　❽ 5　　❾ 6
　　❿ 5　　⓫ 6　　⓬ 7
　　⓭ 8　　⓮ 2　　⓯ 7
　　しき 13−4＝9　　　　こたえ 9 こ

20　❶ 9　　❷ 8　　❸ 4
　　❹ 5　　❺ 8　　❻ 7
　　❼ 9　　❽ 9　　❾ 9
　　❿ 6　　⓫ 3　　⓬ 9
　　⓭ 6　　⓮ 3　　⓯ 9
　　しき 14−9＝5　　　　こたえ 5 とう

21　❶ 6　❷ 3　❸ 7
　❹ 9　❺ 9　❻ 9
　❼ 4　❽ 7　❾ 7
　❿ 3　⓫ 8　⓬ 7
　⓭ 6　⓮ 5　⓯ 8
　しき 15−7=8　　　　　こたえ 8 まい

22　❶ 4　❷ 7　❸ 9
　❹ 9　❺ 5　❻ 2
　❼ 9　❽ 7　❾ 4
　❿ 6　⓫ 8　⓬ 5
　⓭ 8　⓮ 8　⓯ 6
　しき 13−5=8　　　　　こたえ 8 ほん

23　❶ 60　❷ 50　❸ 90
　❹ 100　❺ 90　❻ 100
　❼ 100　❽ 30　❾ 40
　❿ 40　⓫ 60　⓬ 30
　⓭ 70　⓮ 50　⓯ 20
　しき 80−20=60　　　　こたえ 60 まい

24　❶ 37　❷ 63　❸ 48
　❹ 50　❺ 80　❻ 70
　❼ 30　❽ 98　❾ 58
　❿ 47　⓫ 37　⓬ 95
　⓭ 55　⓮ 43　⓯ 33
　しき 30+8=38　　　　　こたえ 38 まい

25　❶ 3 じ　❷ 4 じ
　❸ 2 じはん（2 じ 30 ぷん）　❹ 1 じ
　❺ 11 じはん（11 じ 30 ぷん）　❻ 10 じ
　❼ 6 じ　❽ 9 じはん（9 じ 30 ぷん）
　❾ 8 じ　❿ 5 じはん（5 じ 30 ぷん）

26　❶ 6 じ 10 ぷん　　❷ 4 じ 45 ふん
　❸ 1 じ 12 ふん　　❹ 8 じ 55 ふん
　❺ 10 じ 20 ぷん　　❻ 2 じ 35 ふん
　❼ 11 じ 32 ふん　　❽ 7 じ 50 ぷん
　❾ 3 じ 3 ぷん　　　❿ 9 じ 24 ぷん

27　❶ 14　❷ 9　❸ 12
　❹ 12　❺ 12　❻ 12
　❼ 8　❽ 8　❾ 5
　❿ 3　⓫ 5　⓬ 8
　⓭ 5　⓮ 8　⓯ 9
　しき 7+6=13　　　　　こたえ 13 にん

28　❶ 82　❷ 79　❸ 43
　❹ 80　❺ 60　❻ 50
　❼ 70　❽ 50　❾ 10
　❿ 27　⓫ 58　⓬ 27
　⓭ 54　⓮ 63　⓯ 73
　しき 12−3=9　　　　　こたえ 9 こ

「小学教科書ワーク・
数と計算」で、
さらに　れんしゅうしよう！

わくわくシール

まんてんシール

★１日の学習がおわったら、チャレンジシールをはろう。
★実力はんていテストがおわったら、まんてんシールをはろう。

チャレンジシール

たしざん

こたえが 1から 20の かずに なる たしざん

こたえ														こたえ
1	1+0		1+10	2+9	3+8	4+7	5+6	6+5	7+4	8+3	9+2	10+1		11
2	1+1	2+0		2+10	3+9	4+8	5+7	6+6	7+5	8+4	9+3	10+2		12
3	1+2	2+1	3+0		3+10	4+9	5+8	6+7	7+6	8+5	9+4	10+3		13
4	1+3	2+2	3+1	4+0		4+10	5+9	6+8	7+7	8+6	9+5	10+4		14
5	1+4	2+3	3+2	4+1	5+0		5+10	6+9	7+8	8+7	9+6	10+5		15
6	1+5	2+4	3+3	4+2	5+1	6+0		6+10	7+9	8+8	9+7	10+6		16
7	1+6	2+5	3+4	4+3	5+2	6+1	7+0		7+10	8+9	9+8	10+7		17
8	1+7	2+6	3+5	4+4	5+3	6+2	7+1	8+0		8+10	9+9	10+8		18
9	1+8	2+7	3+6	4+5	5+4	6+3	7+2	8+1	9+0		9+10	10+9		19
10	1+9	2+8	3+7	4+6	5+5	6+4	7+3	8+2	9+1	10+0		10+10		20

ひきざん

こたえが 0から 10の かずに なる ひきざん

こたえ													こたえ
10	10-0	11-1	12-2	13-3	14-4	15-5	16-6	17-7	18-8	19-9		9-0	9
9	10-1	11-2	12-3	13-4	14-5	15-6	16-7	17-8	18-9		8-0	9-1	8
8	10-2	11-3	12-4	13-5	14-6	15-7	16-8	17-9		7-0	8-1	9-2	7
7	10-3	11-4	12-5	13-6	14-7	15-8	16-9		6-0	7-1	8-2	9-3	6
6	10-4	11-5	12-6	13-7	14-8	15-9		5-0	6-1	7-2	8-3	9-4	5
5	10-5	11-6	12-7	13-8	14-9		4-0	5-1	6-2	7-3	8-4	9-5	4
4	10-6	11-7	12-8	13-9		3-0	4-1	5-2	6-3	7-4	8-5	9-6	3
3	10-7	11-8	12-9		2-0	3-1	4-2	5-3	6-4	7-5	8-6	9-7	2
2	10-8	11-9		1-0	2-1	3-2	4-3	5-4	6-5	7-6	8-7	9-8	1
1	10-9		0-0	1-1	2-2	3-3	4-4	5-5	6-6	7-7	8-8	9-9	0

教科書ワーク もくじ

東京書籍版
さんすう1ねん

▶動画 コードを読みとって、下の番号の動画を見てみよう。

教科書① / 教科書②

＊がついている動画は、一部他の単元の内容を含みます。

実力はんていテスト（全4回）…………………………………巻末折りこみ

こたえと　てびき（とりはずす　ことが　できます）…………………………別冊

もくひょう
どちらが おおいかを
くらべたり、おなじ かずの
なかまを さがしたり しよう。

おわったら
シールを
はろう

なかまづくりと かず ［その1］

きほんのワーク

きょうかしょ ① 3〜7 ページ　　こたえ 1 ページ

きほん 1 どちらが おおいか くらべる ことが できますか。

⭐ あめが ふって きました。くまさんは 1ぽんずつ
かさを さす ことが できるか しらべましょう。

せんで
むすんで
くらべよう。

1 どちらが おおいか、せんで むすんで くらべましょう。
おおい ほうに ○を つけましょう。

📖 きょうかしょ 3〜5ページ

2 かずだけ ○に いろを ぬって、おおい ほうに ○を
つけましょう。

📖 きょうかしょ 4〜5ページ

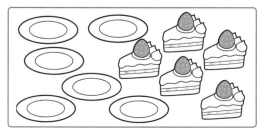

〇 〇 〇 〇 〇

〇 〇 〇 〇 〇

さんすうはかせ どちらが おおいか すくないかを くらべる ときは、せんで むすんで しらべて
いくと いいんだ。

⭐ のはらに　なかまが　あつまりました。
おなじ　いきものや　はなを　◯で　かこみましょう。

🦋と🌷は
おなじ　かずだね。●●●●●
ほかにも　おなじ　かずが　あるかな。

3 きほん2 の　かずだけ　◯に　いろを　ぬって、おなじ
かずの　なかまを　こたえましょう。

📖 きょうかしょ 6〜7ページ

ねこ　◯◯◯◯◯　　ちょう　◯◯◯◯◯

りす　◯◯◯◯◯　　ばった　◯◯◯◯◯

ひつじ　◯◯◯◯◯　　ちゅうりっぷ　◯◯◯◯◯

(　　　　と　　　　)(　　　　と　　　　)

おうちのかたへ
算数の学習への導入です。
絵の数だけ色を塗ったり、線で結んだりして同じ数の仲間を見つけましょう。

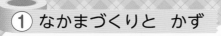

なかまづくりと　かず　[その2]

きほんのワーク

べんきょうした 日　月　日

もくひょう
5までの　かずを　しろう。
5は　いくつと　いくつか
かんがえよう。

おわったら
シールを
はろう

きょうかしょ ① 8〜13ページ　　こたえ 2 ページ

きほん 1 　1から　5までの　かずが　わかりますか。

⭐ かずだけ ◯に　いろを　ぬり、□に　かずを
かきましょう。

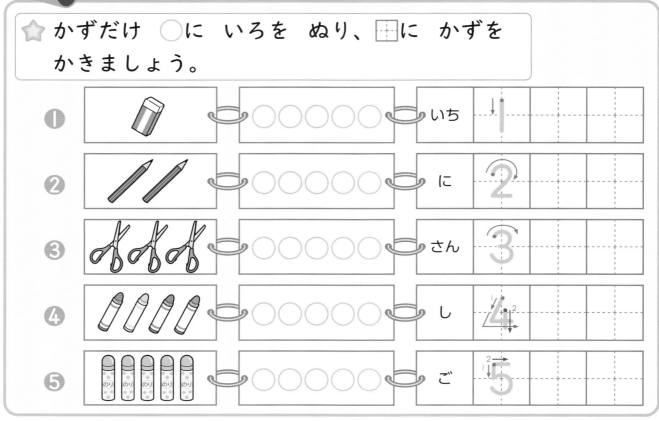

1 　かずが　おなじ　ものを　——で　むすびましょう。

📖 きょうかしょ 8〜11ページ

   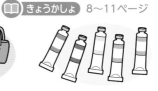

 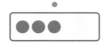   

| 1 | 3 | 4 | 5 | 2 |

さんすうはかせ　ものを　かぞえる　ときは　しるしを　つけて　おこう。そうすると、おなじ　ものを
なんかいも　かぞえたり、かぞえわすれたり　する　ことが　なくなるよ。

⭐ 5は いくつと いくつに なりますか。
⊞に かずを かきましょう。

❶ | **1** | と | ⊞ |

❷ | **2** | と | ⊞ |

❸ | **3** | と | ⊞ |

❹ | **4** | と | ⊞ |

---

2 ⊞に かずを かきましょう。　　📖 きょうかしょ 12〜13ページ

❶ 5は 3と 2

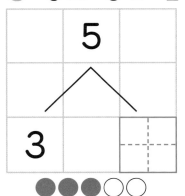

❷

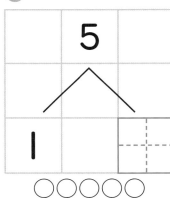

❸

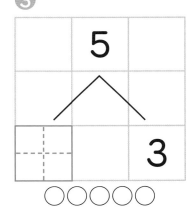

❹

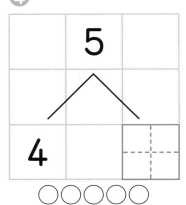

❺

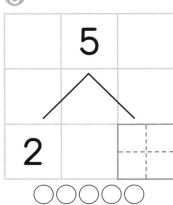

❶のように
○○○○○に
いろを ぬって
かんがえよう。

おうちのかたへ 5という数を1と4を合わせた数と見るような場合を合成、逆に5を1と4に分けて見るような場合を分解といいます。加法・減法の計算のもとになる大切な考え方です。

なかまづくりと かず [その3]

きほんのワーク

べんきょうした 日　　月　日

もくひょう
10までの かずを しろう。6と 7を わけて みよう。

おわったら シールを はろう

きょうかしょ ① 14〜21ページ　こたえ 2ページ

きほん 1　6から 10までの かずが わかりますか。

⭐ かずだけ ◯に いろを ぬり、⊞に かずを かきましょう。

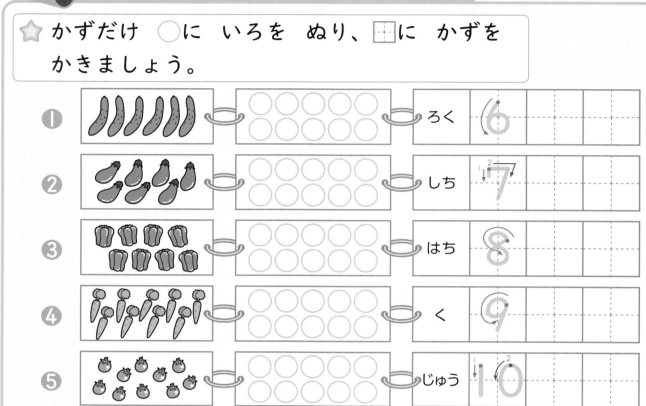

1 かずが おなじ ものを —— で むすびましょう。

📖 きょうかしょ 14〜17ページ

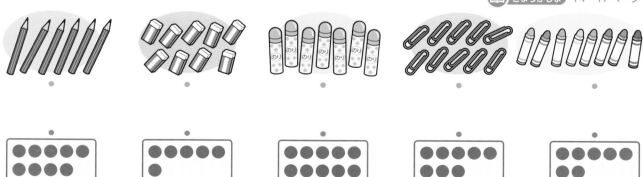

さんすうはかせ　10までの かずを かぞえて みよう。 すうじの よみかた かきかたも しっかり おぼえよう。かずを わける ときは、◯を かくと よく わかるよ。

⭐ 6は いくつと いくつに なりますか。
　　田に かずを かきましょう。

❶
| 2 | と | 4 |

●●○○○○

❷
| 1 | と | 5 |

○○○○○○

❸
| 3 | と | 3 |

○○○○○○

---

2 田に かずを かきましょう。　　📖 きょうかしょ 18〜19ページ

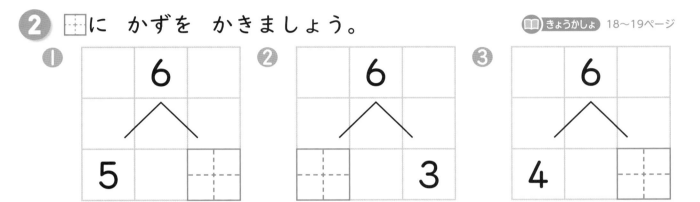

❶　6 / 5 ＿

❷　6 / ＿ 3

❸　6 / 4 ＿

---

3 7は いくつと いくつに なりますか。
　　田に かずを かきましょう。　　📖 きょうかしょ 20〜21ページ

❶ | 4 | と | |

❷ | 2 | と | |

❸ | 6 | と | |

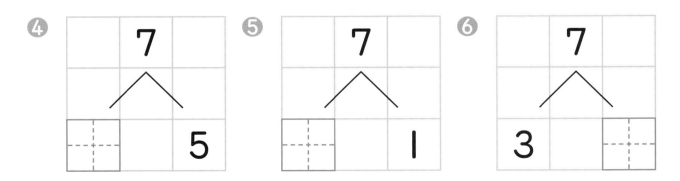

❹　7 / ＿ 5

❺　7 / ＿ 1

❻　7 / 3 ＿

おうちのかたへ 　6はいくつといくつ、7はいくつといくつ、と声に出しながら考えましょう。
理解が難しい場合は、おはじきや鉛筆などを並べて、数えてください。

なかまづくりと　かず [その4]

きほんのワーク

もくひょう
8、9、10は いくつと いくつに なるかを しろう。

おわったら シールを はろう

きょうかしょ ① 22〜29ページ　　こたえ 3 ページ

きほん① 8は いくつと いくつに わけられますか。

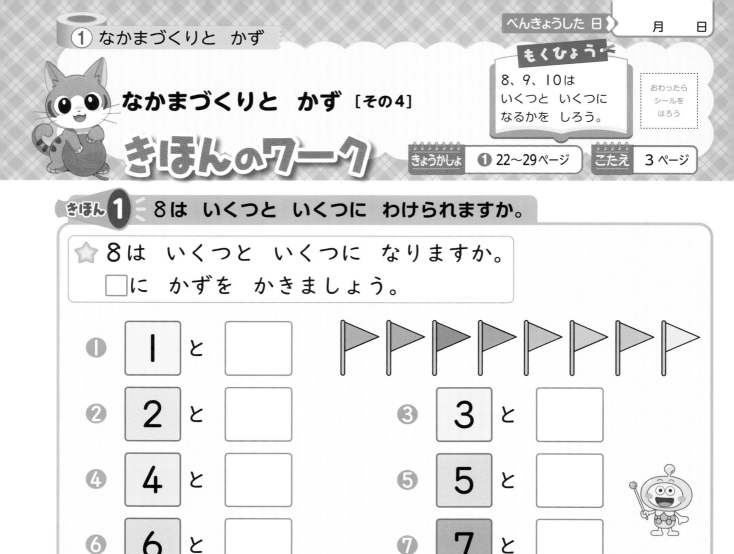

☆ 8は いくつと いくつに なりますか。
□に かずを かきましょう。

① 1 と □

② 2 と □　　③ 3 と □

④ 4 と □　　⑤ 5 と □

⑥ 6 と □　　⑦ 7 と □

1 9に なるように ──で むすびましょう。

📖 きょうかしょ 24〜25ページ

| 1 | 3 | 6 | 7 | 8 | 2 | 5 | 4 |

| 6 | 8 | 2 | 3 | 1 | 4 | 5 | 7 |

さんすうはかせ 「8は 2と いくつかな？」のように ふたりで かずあてげえむを して みよう。
いろいろな かずで やって みてね。

☆ 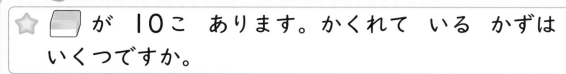 が 10こ あります。かくれて いる かずは いくつですか。

①

②

③

2 □に かずを かきましょう。 📖きょうかしょ 27ページ

①
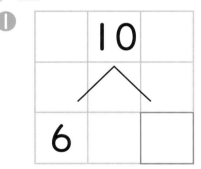
10
6 □

②
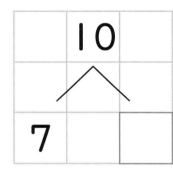
10
7 □

③
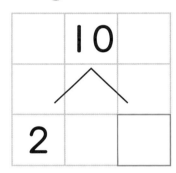
10
2 □

④
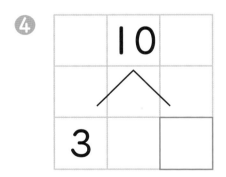
10
3 □

⑤
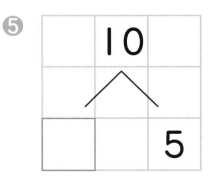
10
□ 5

⑥
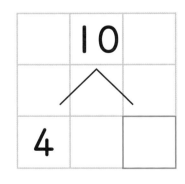
10
4 □

⑦
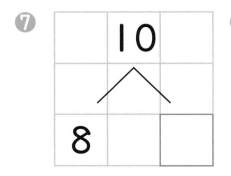
10
8 □

⑧
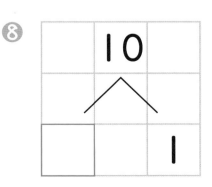
10
□ 1

⑨
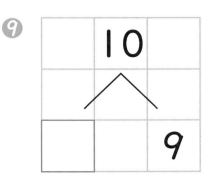
10
□ 9

おうちのかたへ 10までの数の合成・分解は、これからの算数の学習の基礎となります。
計算の基本をしっかりさせるために、十分に練習をしましょう。

なかまづくりと　かず ［その5］

きほんのワーク

もくひょう
10までの かずの ならびかたや 0と いう かずを しろう。

おわったら シールを はろう

きょうかしょ ① 30〜33ページ　　こたえ 4 ページ

きほん 1　10までの　かずの　ならびかたが　わかりますか。

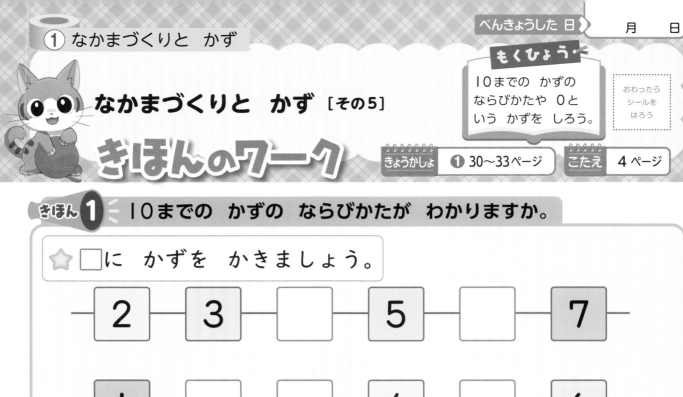

☆ □に　かずを　かきましょう。

| 2 | 3 | □ | 5 | □ | 7 |

| 1 | □ | □ | 4 | □ | 6 |

1から 10までの かずの ならびかたを おぼえよう。

ちいさい じゅんに かずを いって みよう。

1 — 2 — 3 — 4 — 5 — 6 — 7 — 8 — 9 — 10

1　かずの　おおきい　ほうに　○を　つけましょう。

きょうかしょ 30〜31ページ

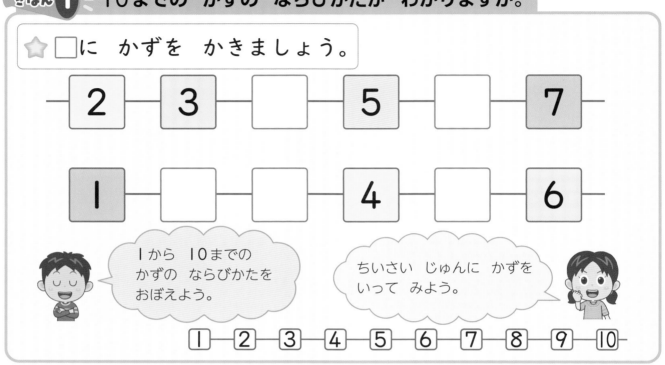

❶ ●●●●● ●　（　　）
　　●●●　（　　）

❷ ●●●●● ●●　（　　）
　　4　（　　）

❸ ●●●●● ●●●　（　　）
　　7　（　　）

❹ 5　（　　）
　　9　（　　）

さんすうはかせ　10までの かずの ならびかたを おぼえよう。ちいさい じゅんに いえたら、こんどは 10、9、8、7、…、1と おおきい じゅんに いって みよう。

⭐ はいった わの かずを かきましょう。

いくつ はいったかな？

なにも ない ときを 0（れい）と いうね。

れい	0			

2 すずめの かずを かきましょう。　📖 きょうかしょ 32ページ

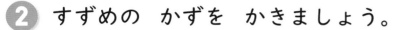

① ② ③ いなく なった。 ④

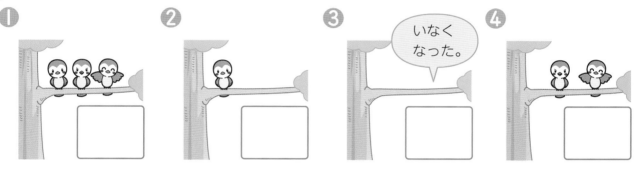

3 りんごの かずを かきましょう。　📖 きょうかしょ 32ページ

① ② ③ ④

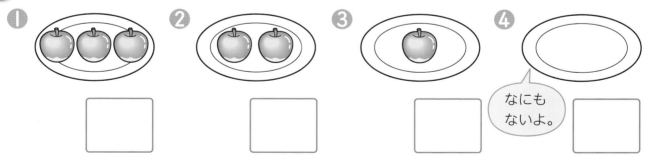

なにも ないよ。

4 けえきの かずを かきましょう。　📖 きょうかしょ 32ページ

① ② ③

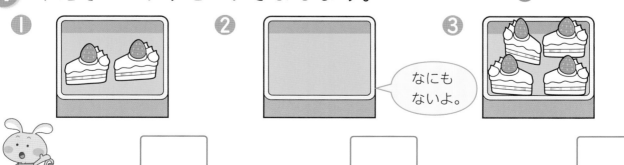

なにも ないよ。

おうちのかたへ　10までの数の並び方を学習します。また、0という数について学びます。1年生にとって、何もない数＝0は、理解しにくいようです。具体物を使って考えましょう。

① なかまづくりと かず

れんしゅうのワーク

1 10までの かず　かずが おなじ ものを ── で むすびましょう。

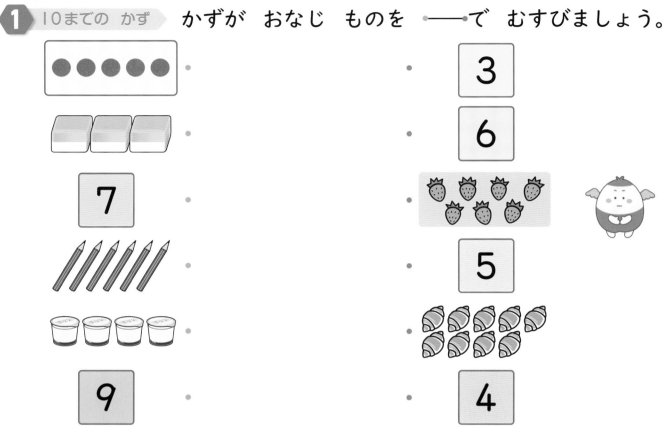

2 かずの ならびかた　□に かずを かきましょう。

❶ 1　2　□　□　□　6

❷ 10　9　□　□　6　□

3 0と いう かず　かびんの はなの かずを かきましょう。

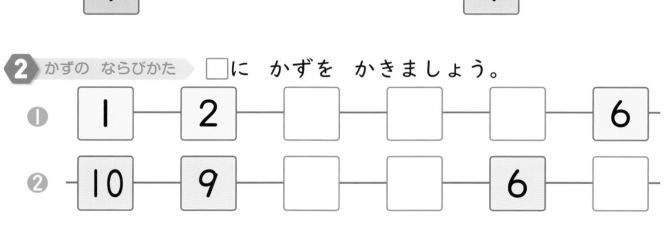

12

できる ナビ　10までの かずが ただしく いえるかな？ 10、9、8、7、…のように おおきな かずからも いって みよう。

まとめのテスト

きょうしょ ❶ 3〜33ページ　こたえ 5ページ

じかん **20** ぷん

とくてん

/100てん

おわったら
シールを
はろう

1 かずを すうじで かきましょう。

1つ10〔30てん〕

くま

うさぎ

ねこ

2 よくでる いくつと いくつですか。□に かずを かきましょう。

1つ10〔40てん〕

❶ 7は 2と ☐

○○○○○○○

❷ 8は 3と ☐

○○○○○○○○

❸ 6は 4と ☐

○○○○○○

❹ 9は 5と ☐

○○○○○○○○○

3 🚃が 10りょう あります。とんねるに はいって
いるのは なんりょうですか。

1つ10〔30てん〕

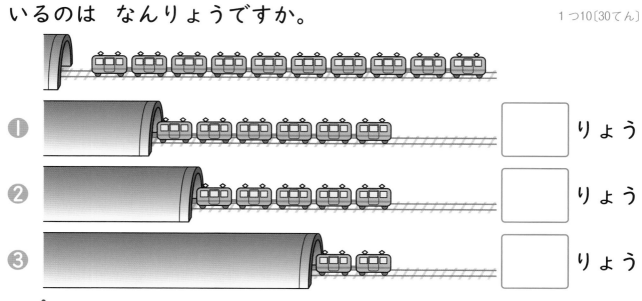

❶ ☐ りょう

❷ ☐ りょう

❸ ☐ りょう

☐ 10までの かずを かぞえる ことが できたかな？
☐ かずを いくつと いくつに わける ことが できたかな？

もくひょう

まえから 3にんと
まえから 3にんめの
ちがいを しろう。

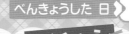
おわったら
シールを
はろう

なんばんめ

きほんのワーク

きょうかしょ ❶ 34～37ページ   こたえ 6ページ

きほん ❶   4にんと 4にんめの ちがいが わかりますか。

⭐ ◯で かこみましょう。

❶ まえから 4にん
まえ   うしろ

❷ まえから 4にんめ
まえ   うしろ

❸ うしろから 5にんめ
まえ   うしろ

4にんと
4にんめは
いみが
ちがうんだね。

1 いろを ぬりましょう。   📖 きょうかしょ 35ページ

❶ まえから 3だい

まえ   うしろ

❷ まえから 3だいめ

まえ   うしろ

❸ うしろから 4だい

まえ   うしろ

❹ うしろから 4だいめ

まえ   うしろ

さんすうはかせ   まえから なんばんめと いう ときの まえは、かおが むいて いる ほうだよ。
かけっこで はしって いく ほうが まえだ。その はんたいが うしろに なるよ。

⭐ えを　みて、□に　かずを　かきましょう。

うえ

① は、うえから　□　ばんめです。

したから　□　ばんめです。

② は、うえから　□　ばんめです。

したから　□　ばんめです。

③ は、うえから　□　ばんめです。

したから　□　ばんめです。

した

2　□に　かずを　かきましょう。

📖 きょうかしょ 36ページ

ひだり   みぎ

① 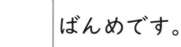は、みぎから　□　ばんめです。

ひだりから　□　ばんめです。

② は、みぎから　□　ばんめです。

ひだりから　□　ばんめです。

③ みぎから　□　ばんめは　です。

みぎと　ひだりを
ただしく
つかえるように
なろう。

おうちのかたへ　集合の要素の個数を表す**集合数**と、順番を表す**順序数**の違いを取り上げます。
「前から4人」と「前から4人目」の違いを理解しましょう。

15

れんしゅうのワーク

きょうかしょ　① 34〜37ページ　　こたえ　6 ページ

1 なんばんめ　こたえを ○で かこみましょう。

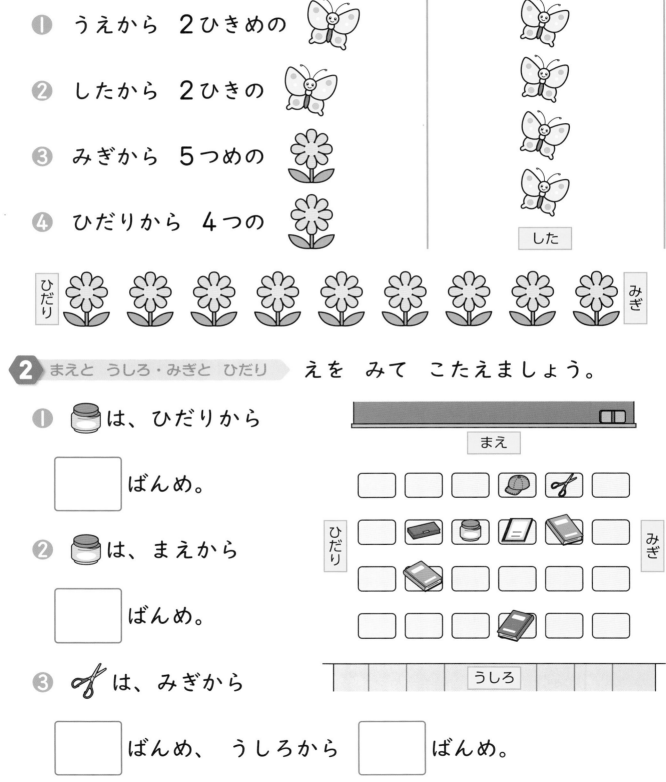

❶ うえから 2ひきめの

❷ したから 2ひきの

❸ みぎから 5つめの

❹ ひだりから 4つの

2 まえと うしろ・みぎと ひだり　えを みて こたえましょう。

❶ は、ひだりから

□ ばんめ。

❷ は、まえから

□ ばんめ。

❸ は、みぎから

□ ばんめ、 うしろから □ ばんめ。

できるナビ　うえから 3びきと うえから 3びきめは いみが ちがうよ。ちゅういしようね。

まとめのテスト

じかん **20** ぷん

とくてん ／100てん

おわったら シールを はろう

1 なんばんめでしょう。　1つ15〔30てん〕

 まえ  りく  れな  けんと  まみ  そうた  みづき うしろ

❶ けんとさんは、まえから ☐ ばんめです。

❷ れなさんは、うしろから ☐ ばんめです。

2 みぎから 3ばんめに いろを ぬりましょう。　〔15てん〕

 ひだり  みぎ

3 ひだりから 4こに いろを ぬりましょう。　〔15てん〕

 ひだり  みぎ

4 なんばんめでしょう。　1つ20〔40てん〕

 うえ

❶ ぼうしは、うえから ☐ ばんめです。

❷ かさは、したから ☐ ばんめです。

□ まえから なんにんめ、まえから なんにんの ちがいが わかったかな？
□ まえと うしろのように はんたいの いいかたが できたかな？

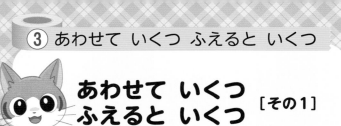

あわせて いくつ
ふえると いくつ ［その1］

きほんのワーク

もくひょう
あわせて いくつに
なるかを
かんがえよう。

おわったら
シールを
はろう

きょうしょ ② 2〜4ページ　　こたえ 7ページ

きほん 1 あわせて いくつに なるか わかりますか。

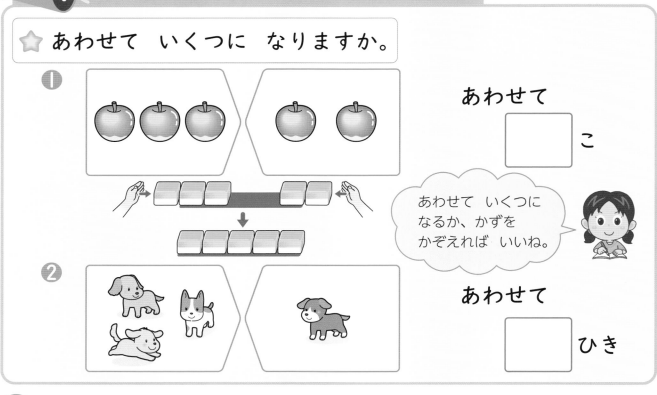

☆ あわせて いくつに なりますか。

① あわせて □ こ

あわせて いくつに
なるか、かずを
かぞえれば いいね。

② あわせて □ ひき

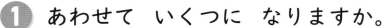

1 あわせて いくつに なりますか。

きょうしょ 3ページ

① あわせて □ ぼん

② あわせて □ ほん

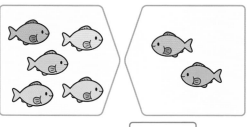

③ あわせて □ ひき

④ あわせて □ わ

 たしざんでは、「＋」の きごうを つかうよね。この「たす」と よむ 「＋」の きごうは、「ー」の きごうに たてせんを つける ことで うまれたと いわれて いるよ。

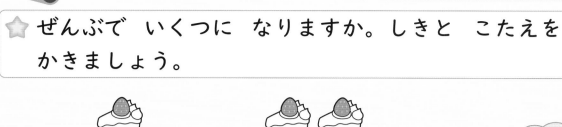

☆ ぜんぶで　いくつに　なりますか。しきと　こたえを
かきましょう。

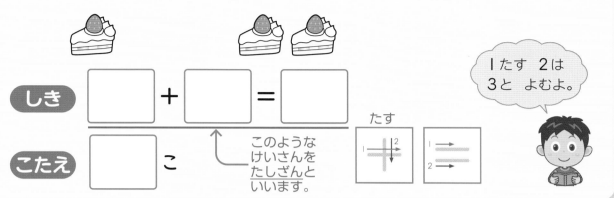

しき　[　]＋[　]＝[　]

こたえ　[　]こ

たす

このような
けいさんを
たしざんと
いいます。

1たす　2は
3と　よむよ。

---

2 あわせて　いくつに　なりますか。

きょうかしょ 3ページ

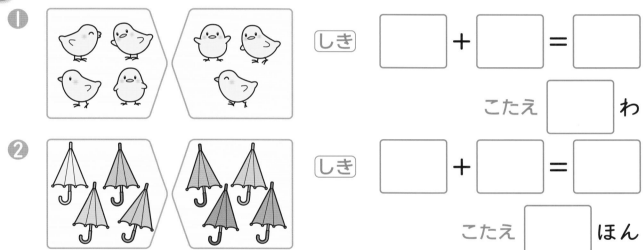

❶　しき　[　]＋[　]＝[　]

こたえ　[　]わ

❷　しき　[　]＋[　]＝[　]

こたえ　[　]ほん

---

3 みんなで　なんびきに　なりますか。

きょうかしょ 4ページ

❶　しき　[　　　]＝[　]

たしざんの
しきに　かこう。

こたえ　[　]ひき

❷　しき　[　　　]＝[　]

こたえ　[　]ひき

おうちのかたへ　2つの和が10までのたし算です。「合わせて」の意味を理解します。理解が難しい場合は、
おはじきやみかんなど、具体物を動かしながら考えましょう。

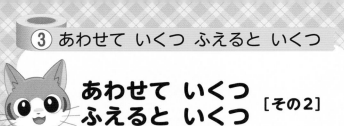

あわせて いくつ ふえると いくつ ［その2］

きほんのワーク

きほん 1 ふえると いくつに なるか わかりますか。

⭐ ふえると いくつに なりますか。

❶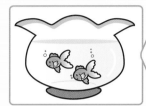

いれると □ びき

あとから なんこか ふえると、いくつに なるかを きいて いるね。

❷

ふえると □ わ

1 ふえると いくつに なりますか。

📖 きょうかしょ 6ページ

❶

もらうと □ こ

❷

ふえると □ わ

❸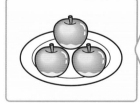

もらうと □ こ

❹

ふえると □ ひき

20

さんすうはかせ 「えんぴつが 3ぼん。1ぽん もらうと、あわせて 4ほん。」のように、たしざんの おはなしを たくさん つくって みよう。

⭐ くるまが 4だい とまって います。
3だい くると、なんだいに なりますか。

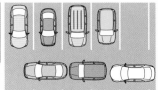

しき □ + □ = □

こたえ □ だい

ふえるときも
たしざんの しきに
あらわせるんだね。

2 おはなしを しきに かいて こたえを かきましょう。

① ねこが 4ひき います。
5ひき くると、みんなで
なんびきに なりますか。

📖 きょうかしょ 6〜7ページ

しき □ = □   こたえ □ ひき

② けえきが 7こ あります。
3こ もらうと、ぜんぶで なんこに なりますか。

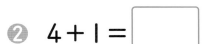

しき □ = □   こたえ □ こ

3 たしざんを しましょう。

📖 きょうかしょ 8ページ⑥

① 1+2= □   ② 4+1= □

③ 4+2= □   ④ 5+3= □

⑤ 9+1= □   ⑥ 4+4= □

⑦ 5+5= □   ⑧ 3+6= □

⑨ 7+1= □   ⑩ 2+8= □

おうちのかたへ 「ふえると」と「あわせて」の意味の違いを理解しているかどうか確認しましょう。
具体物を使った操作では、「ふえると」はあとからいくつかをつけたすことになります。

あわせて いくつ ふえると いくつ [その3]

きほんのワーク

べんきょうした 日 ▶ 　月　　日

もくひょう
0の たしざんを
しろう。たしざんの
おはなしを つくろう。

おわったら
シールを
はろう

きょうかしょ ② 10〜11ページ　　こたえ 8 ページ

きほん ① 　0の たしざんの いみが わかりますか。

⭐ たまいれを して います。1かいめと 2かいめに
いれた たまの かずを あわせましょう。

❶ 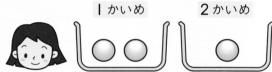 　2+1=□

❷ 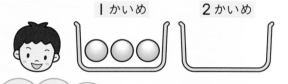 　3+□=□

1こも はいらなかった
ときには 0を
かくんだね。

たいせつ
0は 1つも ない
という いみです。

❶ まなさんが いれた かずは、0+2の しきに なります。
たまは どのように はいったのでしょうか。かごの なかに
●を かいて あらわしましょう。
📖 きょうかしょ 10ページ②

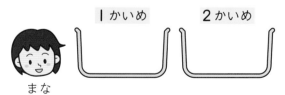 　0+2=□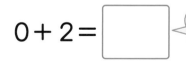
まな　　　　　　　　　　　　　　　　　　　　　こたえを
かこう。

❷ たまは どのように はいったのでしょうか。かごの
なかに ●を かいて あらわしましょう。
📖 きょうかしょ 10ページ③

① 2+0 　　　　　　　　　② 0+0

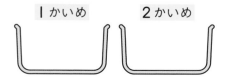 　　　　　　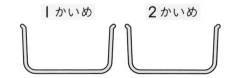

さんすうはかせ 0の ことを 「れい」の ほかに 「ぜろ」と よむ ことも あるよ。
えいごや ふらんすごでも 「ぜろ」と いうんだって。おもしろいね。

⭐ えを みて、❶、❷の もんだいに こたえましょう。

❶ □に かずを かきましょう。

ねこが ☐ ひき います。 ☐ ひき きました。

ぜんぶで ☐ ひきに なりました。

❷ ❶の おはなしを しきに かきましょう。

しき ☐ ＝ ☐

 たしざんの しきだね。

❸ 6＋3の おはなしを つくりましょう。 📖きょうかしょ 11ページ1

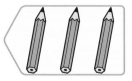

[   ]

❹ えを みて おはなしを つくりましょう。 📖きょうかしょ 11ページ1

3＋2＝5

✿✿✿

✿✿

[   ]

23

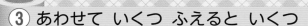

れんしゅうのワーク

でき た かず

/10もん 中

きょうかしょ ② 2〜12ページ　こたえ 9 ページ

---

1 なにを して いる ところかな　えと しきを せんで むすびましょう。

あ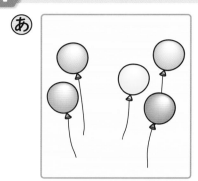

い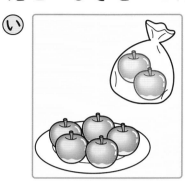

う

$5+2=7$　$3+3=6$　$2+3=5$

---

2 れんしゅう　かあどの こたえを かきましょう。

① $2+7$ □　② $3+2$ □

おもて　うら

③ $5+1$ □　④ $5+3$ □

⑤ $3+6$ □　⑥ $1+9$ □

---

3 しきづくり　こたえが 8に なる たしざんの しきを つくりましょう。

□ + □ = 8

いろいろな しきが つくれるね。

できる ナビ　10を つくる げえむを しよう。ひとりが 「3」と いったら、もう ひとりは こたえを いおう。こたえは 「7」だね。

べんきょうした 日 ｜ 月　　日

とくてん

/100てん

おわったら
シールを
はろう

まとめのテスト

きょうかしょ ❷ 2〜12ページ　こたえ 9ページ

1 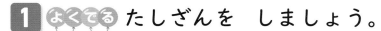 たしざんを　しましょう。

1つ5〔50てん〕

① 3+4=

② 1+8=

③ 2+4=

④ 6+4=

⑤ 5+5=

⑥ 3+6=

⑦ 7+2=

⑧ 2+0=

⑨ 0+9=

⑩ 0+0=

2  こたえが　7に　なる　かあどに　○を　つけましょう。

〔10てん〕

3+3　　2+5　　4+2　　1+6

3 いちごの　けえきが　4こ　あります。ちょこの　けえきが
3こ　あります。けえきは、ぜんぶで　なんこ　ありますか。

1つ10〔20てん〕

しき

こたえ □ こ

4 くるまが　6だい　とまって　います。あとから　3だい
きました。くるまは、ぜんぶで　なんだいに　なりましたか。

1つ10〔20てん〕

しき

こたえ □ だい

ふろくの「計算れんしゅうノート」2〜5ページを やろう！

□ たしざんの　しきに　かく　ことが　できたかな？
□ たしざんの　けいさんが　できたかな？

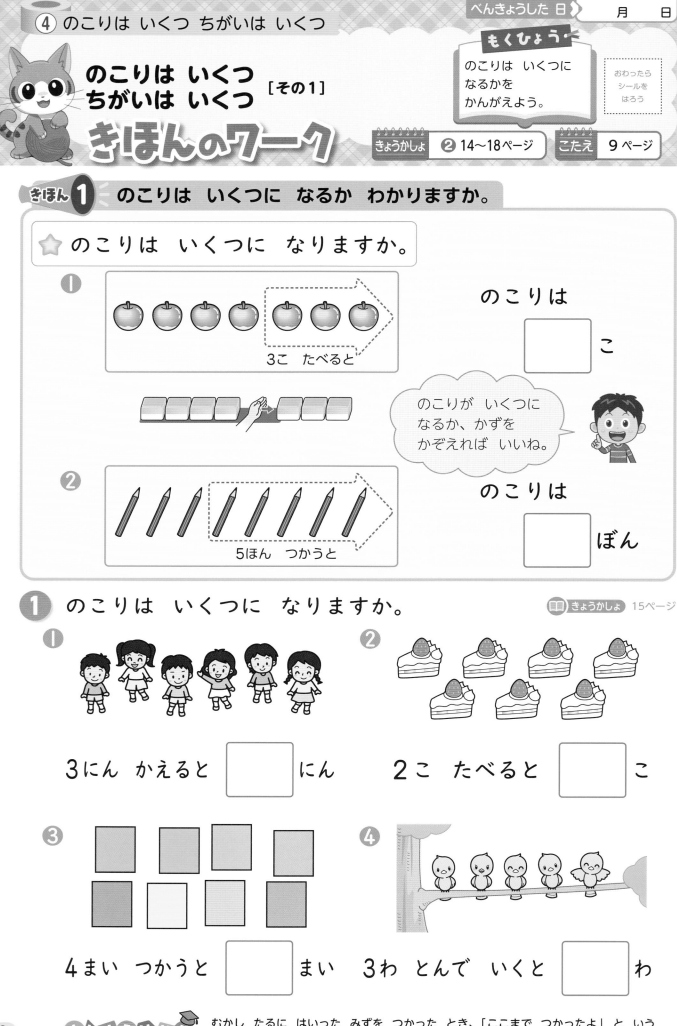

④ のこりは いくつ ちがいは いくつ

のこりは いくつ
ちがいは いくつ ［その1］

きほんのワーク

べんきょうした 日 ▶   月   日

もくひょう
のこりは いくつに
なるかを
かんがえよう。

おわったら
シールを
はろう

きょうかしょ ❷ 14〜18ページ   こたえ 9 ページ

きほん ❶ のこりは いくつに なるか わかりますか。

☆ のこりは いくつに なりますか。

❶ 3こ たべると

のこりは ☐ こ

のこりが いくつに
なるか、かずを
かぞえれば いいね。

❷ 5ほん つかうと

のこりは ☐ ぼん

❶ のこりは いくつに なりますか。

📖 きょうかしょ 15ページ

❶ 3にん かえると ☐ にん

❷ 2こ たべると ☐ こ

❸ 4まい つかうと ☐ まい

❹ 3わ とんで いくと ☐ わ

さんすうはかせ むかし たるに はいった みずを つかった とき、「ここまで つかったよ」 という しるしと して たるに よこぼうを ひいたのが 「-」の きごうの はじめなんだって。

☆ くるまが 5だい とまって います。1だい でて いくと、のこりは なんだいに なりますか。

5ひく 1は 4と よむよ。

ひく

しき □ － □ ＝ □

→

│ このような けいさんを ひきざんと いいます。

こたえ □ だい

なんだいに なったかな？

2 2ひき とんで いくと、のこりは なんびきに なりますか。

📖 きょうかしょ 16ページ**4**

6ぴき

しき □ － □ ＝ □

こたえ □ ひき

3 けえきが 8こ あります。🥧は 5こです。🧁は なんこですか。

📖 きょうかしょ 17ページ⚠

しき □ ＝ □

こたえ □ こ

4 こたえが 3に なる かあどに ○を つけましょう。

📖 きょうかしょ 18ページ

5－4   6－3   7－2   4－1

おうちのかたへ 初めの数量から取りさったり、減少したときの残りの部分を求めたりします（求残）。また、全体とその一部分がわかっているとき、他の部分を求めることを学習します（求補）。

もくひょう

0の ひきざんを しよう。
ちがいは いくつに
なるかを かんがえよう。

おわったら
シールを
はろう

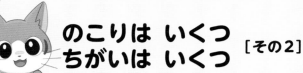

のこりは いくつ
ちがいは いくつ [その2]

きほんのワーク

きょうかしょ ❷ 19〜21ページ　　こたえ 10ページ

 0の ひきざんの いみが わかりますか。

☆ とらんぷあそびを して います。のこりの は
なんまいですか。

 1まい だすと

$4 - 1 = \boxed{}$

 2まい だすと

$4 - \boxed{} = \boxed{}$

 4まい だすと

$4 - \boxed{} = \boxed{}$

 1まいも だせないと

ぱす…。

$4 - \boxed{} = \boxed{}$

❶ のこりの 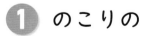 は いくつですか。　　📖 きょうかしょ 19ページ🔟

① 1こ たべると　② 3こ たべると　③ 1こも たべないと

$3 - 1 = \boxed{}$　　$3 - 3 = \boxed{}$　　$3 - 0 = \boxed{}$

❷ ひきざんを しましょう。　　📖 きょうかしょ 19ページ②

① $6 - 6 = \boxed{}$　② $7 - 0 = \boxed{}$　③ $0 - 0 = \boxed{}$

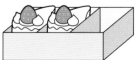 さんすうはかせ 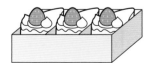 むかし かずが はつめいされた ときには 「0」と いう かずは なかったんだって。
0を はつめいしたのは いんどじんと いわれて いるよ。

きほん2 どれだけ おおいか わかりますか。

うさぎ は、 ねこ より なんびき おおいでしょうか。

7ひき　　3びき

おおい

ちがいを もとめる
ときも ひきざんの
しきに あらわせるね。

しき [　] − [　] = [　]　　こたえ [　] ひき

うさぎ　　ねこ　　ちがい

---

3 りんごは、みかんより なんこ おおいでしょうか。

📖 きょうかしょ 20〜21ページ

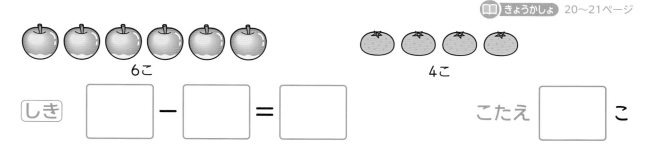

6こ　　　　　　4こ

しき [　] − [　] = [　]　　こたえ [　] こ

---

4 あかい いろがみが 8まい あります。
あおい いろがみが 6まい あります。
　あかい いろがみは、あおい いろがみより なんまい
おおいでしょうか。

📖 きょうかしょ 20〜21ページ

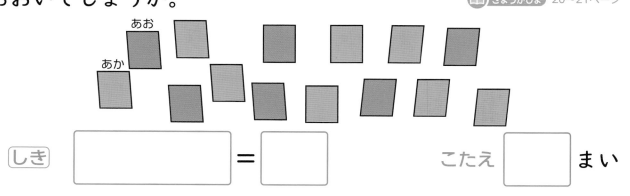

あお

あか

しき [　　　] = [　　]　　こたえ [　] まい

おうちのかたへ　2つの数量の差を求める「求差」を学習します。求差は、2つの数量が同時に存在するとき、
その差を求めるひき算です。

のこりは いくつ ちがいは いくつ ［その3］

きほんのワーク

もくひょう
ちがいは いくつかを かんがえよう。ひきざんの おはなしを つくろう。

おわったら シールを はろう

きょうかしょ ② 22〜24ページ　こたえ 10ページ

きほん 1　どちらが いくつ おおいか わかりますか。

☆ くろい いぬが 8ひき います。しろい いぬが 5ひき います。どちらが なんびき おおいでしょうか。

しろ　　くろ

しき 　□ － □ ＝ □

「どちらが」「なんびき」 おおいか、2つの ことを きいて いるよ。

こたえ 　□い いぬが □びき おおい。

❶ 🚗 と 🚲 では、どちらが なんだい おおいでしょうか。

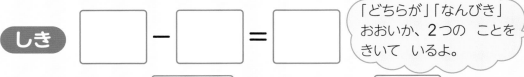

4だい　　　7だい

📖 きょうかしょ 22ページ④

しき 　□ ＝ □

こたえ 　□ が □だい おおい。

❷ 🧁 と 🥟 の かずの ちがいは なんこですか。

📖 きょうかしょ 23ページ⑥

6こ　　　10こ

しき 　□ ＝ □

こたえ 　□ こ

さんすうはかせ
たるに 「ー」で しるしを つけたあと、つかった みずを たした しるしに、たてせんを かいて 「＋」に したよ。たして 「いっぱいに しました」と いうことを あらわしたんだって。

⭐ えを みて、❶、❷の もんだいに こたえましょう。

ばいばーい

❶ □に かずを かきましょう。

こどもが ⬚ にんで あそんで います。3にん

かえりました。のこりは、⬚ にんに なりました。

❷ ❶の おはなしを しきに かきましょう。

しき ⬚ = ⬚

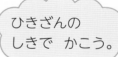

ひきざんの
しきで かこう。

3 ひきざんを しましょう。

📖 きょうかしょ 22〜24ページ

❶ $3-2=$ ⬚

❷ $7-5=$ ⬚

❸ $4-3=$ ⬚

❹ $5-4=$ ⬚

❺ $9-7=$ ⬚

❻ $6-0=$ ⬚

❼ $2-1=$ ⬚

❽ $8-3=$ ⬚

❾ $10-4=$ ⬚

❿ $10-7=$ ⬚

おうちのかたへ　身のまわりにあるものを、ひき算の式に表したり、ひき算のお話に表したりします。
お子さんのつくったお話を聞き、ひき算のお話になっているか確認しましょう。

れんしゅうのワーク

べんきょうした 日　月　日

できた かず

/10もん 中

おわったら
シールを
はろう

1 なにを して いる ところかな　えと しきを せんで むすびましょう。

あ

い

う

5−2＝3

8−5＝3

4−1＝3

2 れんしゅう　かあどの こたえを かきましょう。

① 4−2 □
おもて　　うら

② 7−5 □

③ 9−6 □

④ 6−3 □

⑤ 3−1 □

⑥ 10−6 □

3 しきづくり　こたえが 4に なる ひきざんの しきを
つくりましょう。

7−□＝4

7から いくつ
ひくと 4かな。

できる ナビ　けいさんは こえに だして れんしゅうすると いいよ。この ほんに ついて いる
ぽすたあを はって おぼえても いいね。

まとめのテスト

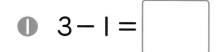

とくてん

／100てん

おわったら
シールを
はろう

1 よくでる ひきざんを しましょう。

1つ5〔50てん〕

① 3−1＝ □　　② 7−4＝ □

③ 8−4＝ □　　④ 9−7＝ □

⑤ 4−3＝ □　　⑥ 5−4＝ □

⑦ 8−0＝ □　　⑧ 10−3＝ □

⑨ 7−7＝ □　　⑩ 10−8＝ □

2 よくでる こたえが 4に なる かあどに ○を つけましょう。

〔10てん〕

| 6−2 | 9−4 | 7−3 | 10−7 |

3 あめが 8こ あります。3こ たべました。
のこりは なんこに なりましたか。

1つ10〔20てん〕

しき □

こたえ □ こ

4 いぬが 6ぴき います。ねこが 4ひき います。
いぬは、ねこより なんびき おおいでしょうか。

1つ10〔20てん〕

しき □

こたえ □ ひき

ふろくの「計算れんしゅうノート」6〜9ページを やろう！

□ひきざんの しきに かく ことが できたかな？
□ひきざんの けいさんが できたかな？

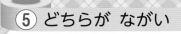

どちらが ながい ［その1］

きほんのワーク

もくひょう

ながさを
くらべられるように
しよう。

おわったら
シールを
はろう

きょうかしょ ② 26〜29ページ　こたえ 11ページ

きほん 1 ながさを くらべる ことが できますか。

⭐ えを みて、あ、い、う、えで こたえましょう。

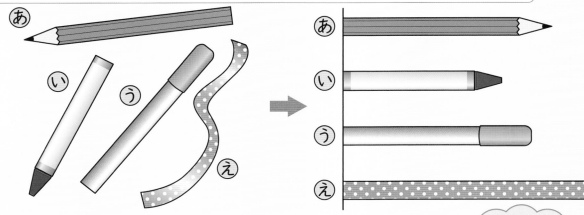

① いちばん ながい もの （　　）

② いちばん みじかい もの （　　）

はしを そろえて
くらべて
いるんだね。

1 あ、いの どちらが ながいでしょうか。

📖 きょうかしょ 27〜28ページ

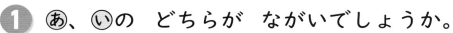

（　　）

2 たてと よこでは、どちらが ながいでしょうか。

📖 きょうかしょ 27〜28ページ

①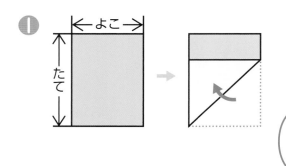

（　　）

②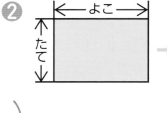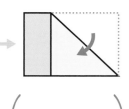

（　　）

さんすうはかせ きみの ふでばこには なんぼんの えんぴつが はいって いるかな。
つくえの うえに たてて ながさくらべを して みよう。

⭐ つくえの よこの ながさと どあの はばを、てえぷに ながさを うつしとって、くらべます。あと いは どちらが ながいでしょうか。

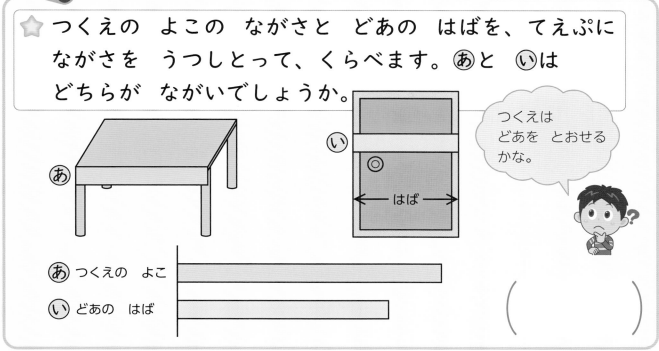

つくえは どあを とおせる かな。

| あ つくえの よこ | |
| い どあの はば | |

( )

3 あ、いの どちらが ながいでしょうか。

📖 きょうかしょ 27〜28ページ

❶

( )

❷
( )

4 いろいろな ものの ながさを てえぷに うつしとって、ながさを くらべました。あ、い、う、えで こたえましょう。

📖 きょうかしょ 29ページ2

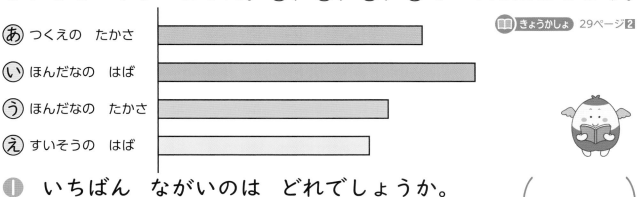

あ つくえの たかさ
い ほんだなの はば
う ほんだなの たかさ
え すいそうの はば

❶ いちばん ながいのは どれでしょうか。 ( )

❷ いちばん みじかいのは どれでしょうか。 ( )

おうちのかたへ 長さについて学習します。比べる物を並べたり、重ねたりして比べる直接比較と、テープなどに写して比べる間接比較を学びます。

もくひょう

ながさを
いくつぶんで
くらべよう。

おわったら
シールを
はろう

どちらが ながい ［その2］

きほんのワーク

きょうかしょ ② 30〜31ページ　　こたえ 12ページ

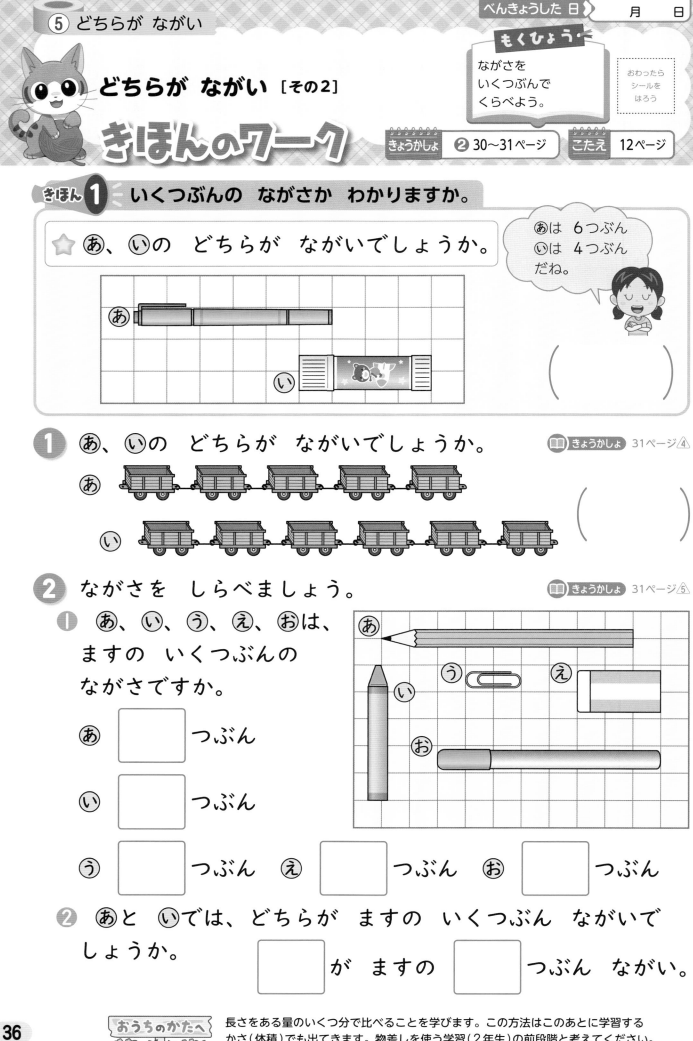

きほん 1 いくつぶんの ながさか わかりますか。

⭐ あ、いの どちらが ながいでしょうか。

あは 6つぶん
いは 4つぶん
だね。

（　　　　）

1 あ、いの どちらが ながいでしょうか。　📖 きょうかしょ 31ページ④

あ

い

（　　　　）

2 ながさを しらべましょう。　📖 きょうかしょ 31ページ⑤

❶ あ、い、う、え、おは、
ますの いくつぶんの
ながさですか。

あ □ つぶん

い □ つぶん

う □ つぶん　え □ つぶん　お □ つぶん

❷ あと いでは、どちらが ますの いくつぶん ながいで
しょうか。　□ が ますの □ つぶん ながい。

36

おうちのかたへ　長さをある量のいくつ分で比べることを学びます。この方法はこのあとに学習する
かさ（体積）でも出てきます。物差しを使う学習（2年生）の前段階と考えてください。

まとめのテスト

とくてん

/100てん

おわったら
シールを
はろう

きょうかしょ ② 26〜31ページ　　こたえ 12ページ

1 えを みて、あ、い、う、えで こたえましょう。　　1つ20〔40てん〕

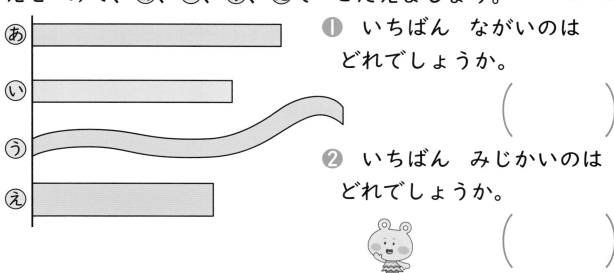

❶ いちばん ながいのは
どれでしょうか。

（　　　　　）

❷ いちばん みじかいのは
どれでしょうか。

（　　　　　）

2 よくでる たてと よこでは、どちらが ながいでしょうか。

1つ20〔40てん〕

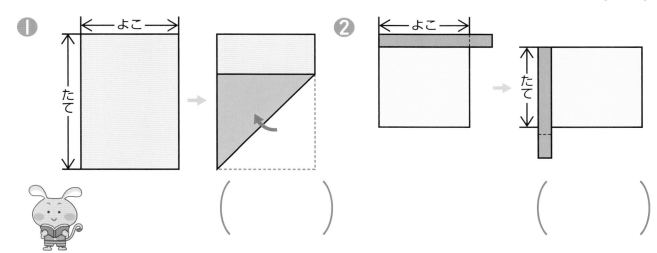

❶ （　　　　　）　　❷ （　　　　　）

3 ながい じゅんに あ、い、うで こたえましょう。　　〔20てん〕

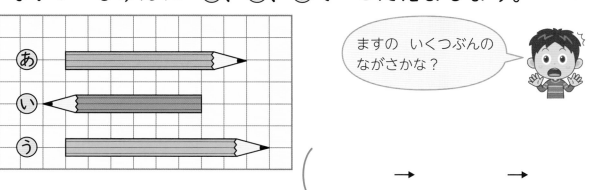

ますの いくつぶんの
ながさかな？

（　　　→　　　→　　　）

チェック ✓ □ ながさを くらべる ことが できたかな？
　　　　　□ いくつぶんで かんがえる ことが できたかな？

もくひょう
かずを せいりして
かんがえて みよう。

おわったら
シールを
はろう

わかりやすく せいりしよう

きほんのワーク

きょうかしょ ② 32〜35ページ　　こたえ 13ページ

きほん 1 せいりして かんがえる ことが できますか。

☆ まみさんは おりがみで つるを おって います。

げつようび

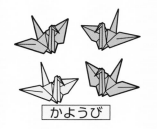
かようび

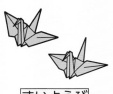
すいようび

もくようび

おった かずだけ
いろを ぬりましょう。

うえの えに 1つずつ
しるしを つけながら
いろを ぬれば いいね。

おった かずの ちがいが
ひとめで わかるね。

げつ	か	すい	もく

1 うえの もんだいを みて こたえましょう。　📖 きょうかしょ 34ページ 2

❶ いちばん たくさん おったのは、
なんようびですか。　　（　　　　ようび　）

❷ 4こ おったのは、なんようびですか。　（　　　　ようび　）

❸ おった かずが おなじなのは、
なんようびと なんようびですか。　（　＿＿ようびと　＿＿ようび　）

おうちのかたへ 個数を絵グラフに整理して考えます。表やグラフの学習の入り口になります。
絵グラフからわかることを話し合ってみましょう。

まとめのテスト

とくてん /100てん

おわったら シールを はろう

きょうかしょ ② 32〜35ページ　こたえ 13ページ

1 くだものかあどを あつめて います。5つの うち
1つだけ、あたりの くだものが あります。あたりの
くだものを おおく あつめた はんが かちです。

1つ25〔100てん〕

 めろん　 ばなな　 ぶどう　 ぱいなっぷる　 りんご

1ぱん

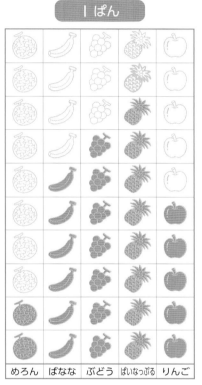

2はん

❶ 1ぱんと 2はんで いちばん おおい ものは どれですか。

1ぱん（　　　　　　　　） 2はん（　　　　　　　　）

❷ あたりの くだものは ぶどうでした。
かったのは どちらの はんですか。（　　　　　　　　）

❸ もし あたりの くだものが りんご
だったら、どちらの はんが かちですか。（　　　　　　　　）

 チェック ✔
□ わかりやすく せいりする ことが できたかな？
□ せいりした ものを みて わかった ことが いえたかな？

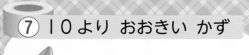

10より おおきい かず ［その1］

もくひょう
10より おおきい 20までの かずを しろう。

おわったら シールを はろう

きほんのワーク

きょうかしょ ❷ 36〜41ページ　　こたえ 14ページ

きほん❶ 20までの かずの かきかたが わかりますか。

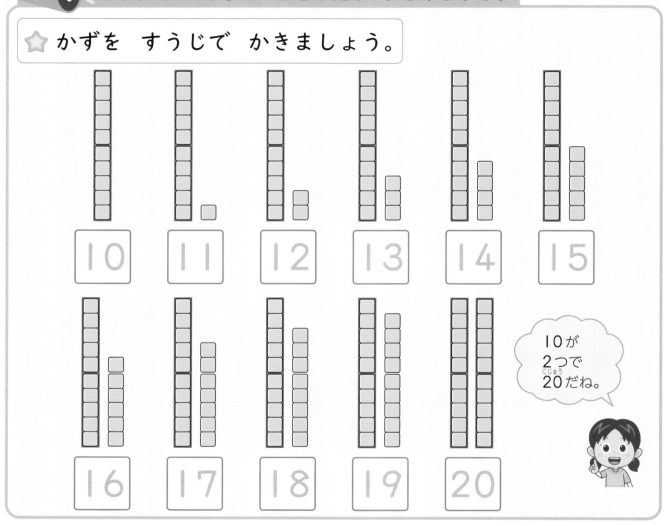

⭐ かずを すうじで かきましょう。

10　11　12　13　14　15

16　17　18　19　20

10が
2つで
20だね。

1 かずを かぞえましょう。

📖 きょうかしょ 37〜40ページ

❶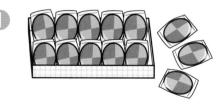

❷

❸

❷は 10の
まとまりを
かこむと
わかりやすいね。

かずの かぞえかたは こえに だして おぼえよう。2 4 6 8 10（2とび）、
5 10 15 20（5とび）も おぼえて おくと べんりだよ。

⭐ かくれて いる かずを かきましょう。

❶ 14

❷ 18

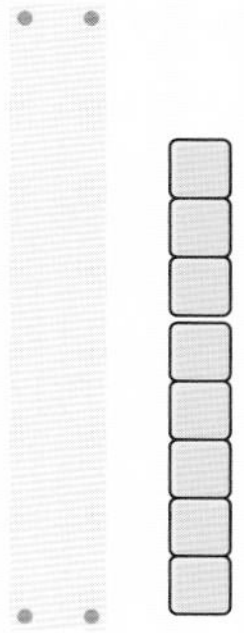

2 □に かずを かきましょう。　📖 きょうかしょ 39ページ 2

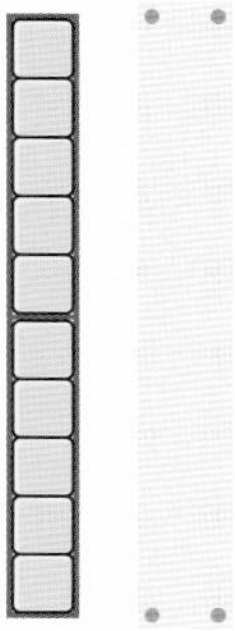

❶ 10と 5で □

❷ 10と 3で □

❸ 10と 1で □

❹ 10と 6で □

3 したの えを みて こたえましょう。　📖 きょうかしょ 40ページ 4

❶ なんにん ならんで いますか。　□にん

❷ ゆうとさんは、まえから なんにんめですか。

□にんめ

まえ

↑
ゆうと

4 □に かずを かきましょう。　📖 きょうかしょ 41ページ 6

❶ 13は 10と □

❷ 14は 10と □

❸ 19は 10と □

❹ 20は 10と □

❺ 17は □と 7

❻ 12は □と 2

おうちのかたへ　11から20までの数の数え方、書き方を練習します。10といくつと考えるようにしましょう。10のまとまりを、きちんととらえているかどうか見てあげてください。

41

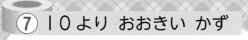

10より おおきい かず [その2]

もくひょう

かずの ならびかたを しろう。かずのせんの みかたを しろう。

おわったら シールを はろう

きほんのワーク

きょうかしょ ② 42〜43ページ　こたえ 14ページ

きほん 1　かずの ならびかたが わかりますか。

⭐ □に かずを かきましょう。

❶
| 14 | 15 | 16 | | | 19 | 20 |

❷
| 15 | 14 | | 12 | 11 | | 9 |

1 おおきい ほうに ○を つけましょう。

📖 きょうかしょ 42ページ ⑧

❶ 9　13　　❷ 15　13

❸ 17　14　　❹ 18　20

どちらが おおきい かな？

2 □に かずを かきましょう。

📖 きょうかしょ 43ページ ⑨⑩⑪

❶ 11　12　□　□　15　□　17

❷ 14　15　□　□　18　□　20

❸ 8　□　12　□　16　18　□

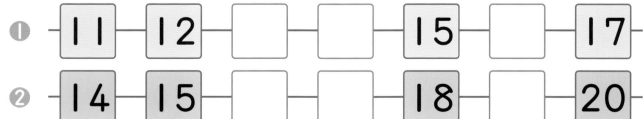

さんすうはかせ　かずのせんでは みぎに いくほど かずが おおきく なって いるよ。かずのせんは 「すうちょくせん」とも いって、さんすうの べんきょうに よく でて くるよ。

⭐ ☐に かずを かきましょう。

0 1 2 3 4 5 6 7 8 9 10 11 12 13 14 15 16 17 18 19 20

3 おおきい   2 ちいさい

❶ 10より 3 おおきい かずは ☐

かずのせんと
いうよ。

❷ 20より 2 ちいさい かずは ☐

3 どこまで すすみましたか。かずを かきましょう。

📖 きょうかしょ 42〜43ページ

0 1 2 3 4 5 6 7 8 9 10 11 12 13 14 15 16 17 18 19 20

0 1 2 3 4 5 6 7 8 9 10 11 12 13 14 15 16 17 18 19 20

❶ 🐰 ☐   ❷ 🐢 ☐

4 かずのせんを みて こたえましょう。

📖 きょうかしょ 43ページ

0 1 2 3 4 5 6 7 8 9 10 11 12 13 14 15 16 17 18 19 20

❶ 12より 2 おおきい かず   (   )

❷ 15より 3 ちいさい かず   (   )

❸ 18より 2 ちいさい かず   (   )

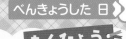

もくひょう
10より おおきい かずの たしざんと ひきざんの やりかたを しろう。

おわったら シールを はろう

**10より おおきい かず** [その3]

きほんのワーク

きょうかしょ ② 44〜45ページ　　こたえ 15ページ

きほん❶ 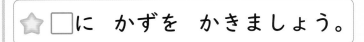 10+4、14−4の けいさんが わかりますか。

☆ □に かずを かきましょう。

❶ 14は □ と 4 です。

❷ **10** と **4** を あわせた かず

　10+4= □

❸ **14** から **4** を とった かず

　14−4= □

ずを みると わかるね。

---

1 □に かずを かきましょう。　　📖きょうかしょ 44ページ②

　❶ 10に 6を たした かず　　❷ 16から 6を ひいた かず

　　10+6= □　　　　　　　　　16−6= □

---

2 けいさんを しましょう。　　📖きょうかしょ 44ページ③

　❶ 10+5= □　　　　　❷ 10+8= □

　❸ 10+1= □　　　　　❹ 15−5= □

　❺ 11−1= □　　　　　❻ 13−3= □

さんすうはかせ ひとの かずを かぞえる とき、「5にん、4にん、3にん」と 「にん」を つけて いう けれど、2と 1の ときは 「にん」ではなく、「ふたり、ひとり」と いうよ。

☆ □に かずを かきましょう。

❶ 13に 2を たした かず

13＋2＝ □

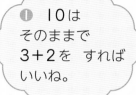

❶ 10は そのままで 3＋2を すれば いいね。

❷ 15から 2を ひいた かず

15−2＝ □

❷ 10は そのままで 5−2を すれば いいね。

❸ □に かずを かきましょう。

 きょうかしょ 45ページ❹

❶ 13に 4を たした かず

13＋4＝ □

❷ 16から 4を ひいた かず

16−4＝ □

❹ けいさんを しましょう。

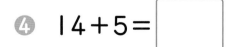 きょうかしょ 45ページ⑤

❶ 11＋4＝ □

❷ 15＋3＝ □

❸ 12＋6＝ □

❹ 14＋5＝ □

❺ 18−3＝ □

❻ 17−4＝ □

❼ 16−2＝ □

❽ 19−4＝ □

10と いくつと かんがえれば けいさんできるね。

おうちのかたへ 「10＋いくつ」「10いくつ＋いくつ」のたし算と「10いくつ−いくつ」のひき算のしかたを学習します。10をひとまとまりと考えて計算します。

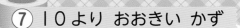

10より おおきい かず [その4]

もくひょう
20より おおきい
かずの かきかたと
よみかたを しろう。

おわったら
シールを
はろう

きょうかしょ ② 46〜47ページ こたえ 16ページ

きほん **1** 20より おおきい かずを かく ことが できますか。

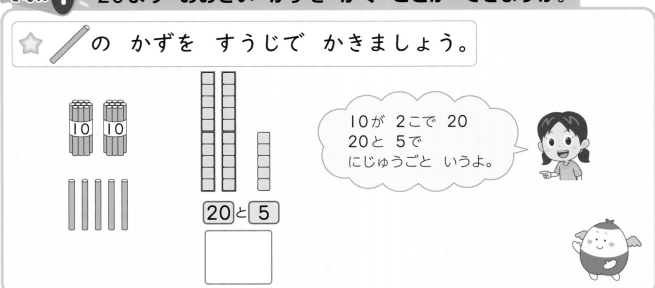

☆ ／ の かずを すうじで かきましょう。

10 10

10が 2こで 20
20と 5で
にじゅうごと いうよ。

20と 5

---

1 かずを かぞえましょう。

📖 きょうかしょ 46ページ **1**

①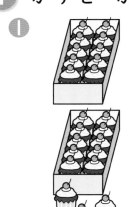

20と 3

にじゅうさん

②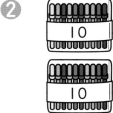

10

10

20と 7

③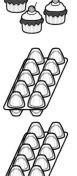

10 が 3こ

さんじゅう

④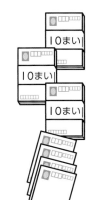

10まい
10まい
10まい

30と 4

 さんすうはかせ

にほんでは、八の じが したに ひろがって いるから、8が えんぎが いいと
されて いるよ。でも、8が えんぎの わるい かずと いう くにも あるんだ。

⭐ かずを かぞえましょう。

20 と 6 →

10が 2こで 20
20と 6で 26
10の まとまりで
かんがえれば いいね。

2 かずを かぞえましょう。

📖 きょうかしょ 47ページ②

❶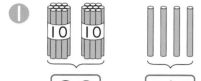

20 と 4 →

❷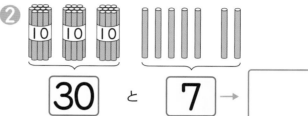

30 と 7 →

❸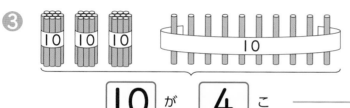

10 が 4 こ ⟶

10が 4こ
あつまると 40に
なるね！

3 かれんだあの あいて いる ところに あう かずを
かきましょう。

📖 きょうかしょ 47ページ③

にち	げつ	か	すい	もく	きん	ど
1	2	3	4	5	6	7
8	9	10	11	12	13	14
15	16	17		19		21
22	23			26	27	28
29		31				

おうちのかたへ　20より大きい数の表し方を学びます。2けたの数の表し方の導入として40までの数を取り上げます。ご家庭ではカレンダーを目につくところに貼っておき、日常的に見る習慣をつけましょう。

れんしゅうのワーク

きょうかしょ ② 36〜47ページ　こたえ 16ページ

べんきょうした 日　月　日

できた かず　/10もん 中

おわったら シールを はろう

1 かずの ならびかた　□に かずを かきましょう。

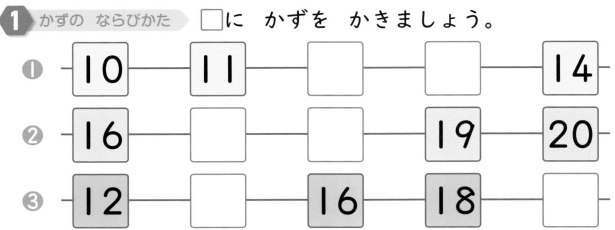

① 10 — 11 — □ — □ — 14

② 16 — □ — □ — 19 — 20

③ 12 — □ — 16 — 18 — □

2 かずの おおきさ　えを みて こたえましょう。

14　20

17　19

15　11　16

① いちばん おおきい かずは

□ の かあどです。

② いちばん ちいさい かずは

□ の かあどです。

3 かずのせん　□に かずを かきましょう。

0 1 2 3 4 5 6 7 8 9 10 11 12 13 14 15 16 17 18 19 20

① 15より 4 おおきい かずは □

② 17より 3 ちいさい かずは □

かずのせんを みて かんがえよう。

できるナビ　かずのせんでは、みぎに すすむと おおきい かずに なるよ。はんたいに、ひだりに すすむと ちいさい かずに なるんだ。

 まとめのテスト

べんきょうした 日　　月　　日

じかん 20ぷん

とくてん
/100てん

おわったら
シールを
はろう

 きょうかしょ ② 36〜47ページ　 こたえ 16ページ

1 かずを すうじで かきましょう。

1つ10〔30てん〕

①   こ

②  こ

③  ほん

2 よくでる □に かずを かきましょう。

1つ5〔20てん〕

① 16　17　18　19　□

② 15　14　□　12　11

③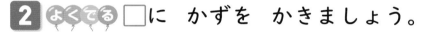
3

0　5　10　15　20

3 よくでる おおきい ほうに ○を つけましょう。

1つ5〔10てん〕

①  13　15

②  20　14

4 けいさんを しましょう。

1つ10〔40てん〕

① 10+3=□

② 14+5=□

③ 17−7=□

④ 19−4=□

ふろくの「計算れんしゅうノート」10〜11ページを やろう！

チェック
□ 10より おおきい かずを あらわす ことが できたかな？
□ 10より おおきい かずの けいさんが できたかな？

なんじ なんじはん

きほんのワーク

きほん 1 とけいの よみかたが わかりますか。

⭐ とけいを よみましょう。

あ

いって きま〜す!

あは ［　　　　］**じ** です。

みじかい はりを みると なんじか わかるね。

い

またね〜!

いは ［　**じはん**　］ です。

みじかい はりは 2と 3の あいだ、ながい はりは 6を さして いるよ。

1 とけいの よみかたを せんで むすびましょう。 きょうかしょ 49ページ**1**

❶ 　　❷ 　　❸

| 6じはん | 5じはん | 7じ |

2 とけいを よみましょう。 きょうかしょ 49ページ②

❶ 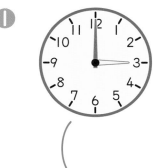　　❷ 　　❸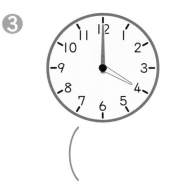

（　　　　　　）　　（　　　　　　）　　（　　　　　　）

さんすうはかせ ごぜん・ごごって きいた ことが あるよね。おひるの 12じの まえと あと という いみなんだ。2ねんせいで べんきょうするよ。

☆ ながい はりを かきましょう。

① 10じ

みじかい はりが 10、ながい はりは 12を させば いいね。

② 4じはん

みじかい はりが 4と 5の あいだに あるよ。ながい はりは 6を させば いいね。

③ ながい はりを かきましょう。　📖 きょうかしょ 49ページ 3

① 9じ

② 2じ

③ 8じはん

④ 11じはん

④ 1じはんの とけいは、あ、いの どちらですか。
📖 きょうかしょ 49ページ 4

あ 　い

(　　　　)

何時、何時半の時計が読めるようにします。時計の読み方がわからないお子さんが多く見られます。ご家庭でも、おりにふれて、時計を見て、時刻を知るようにしましょう。

れんしゅうのワーク

きょうかしょ ❷ 48〜49ページ　　こたえ 18ページ

できた かず 　　／9もん 中

1 とけいの よみかた　とけいを よみましょう。

❶

〔おきる〕

(　　　　　　)

❷

〔じゅぎょう〕

(　　　　　　)

❸

〔あそぶ〕

(　　　　　　)

2 なんじ なんじはん　とけいの はりを かきましょう。

❶ 5じ

❷ 1じ

❸ 3じはん

❹ 7じはん

チャレンジ！ ❺ 8じ

チャレンジ！ ❻ 9じはん

52

できるナビ　ながい はりが 12の ときは 「なんじ」、ながい はりが 6の ときは 「なんじはん」に なって いるね。

まとめのテスト

1 よくでる とけいを よみましょう。

1 つ15〔60てん〕

❶

（　　　　　）

❷

（　　　　　）

❸

（　　　　　）

❹

（　　　　　）

2 ながい はりを かきましょう。

1 つ15〔30てん〕

❶ 5じ

❷ 10じはん

3 9じはんの とけいは、あ、いの どちらですか。

〔10てん〕

（　　　　　）

あ 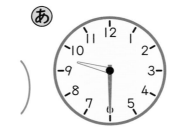　い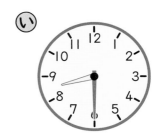

ふろくの「計算れんしゅうノート」26ページを やろう！

チェック ✓
☐ なんじ なんじはんの よみかたが わかったかな？
☐ とけいの はりを かく ことが できたかな？

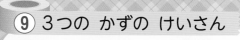

もくひょう
3つの かずの
たしざん、ひきざんの
やりかたを しろう。

おわったら
シールを
はろう

3つの かずの けいさん [その1]

きほんのワーク

きょうかしょ ② 51〜53ページ　　こたえ 19ページ

きほん 1 3つの かずの たしざんが わかりますか。

☆ とりは、みんなで なんわに なりますか。
　□に かずを かきましょう。

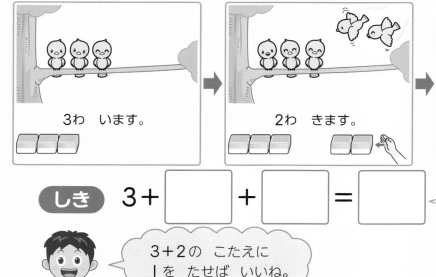

3わ います。

2わ きます。

1わ きます。

しき 3＋□＋□＝□

1つの しきに
かく ことが できます。

3＋2の こたえに
1を たせば いいね。

こたえ □ わ

1 いぬは、みんなで なんびきに なりますか。
　□に かずを かきましょう。

 きょうかしょ 51〜52ページ

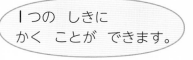

2ひき います。

1ぴき きます。

4ひき きます。

しき 2＋□＋□＝□　　こたえ □ ひき

2 たしざんを しましょう。

 きょうかしょ 52ページ②

① 3＋4＋1＝□　　② 4＋2＋1＝□

③ 9＋1＋2＝□　　④ 4＋6＋3＝□

さんすうはかせ　3つの かずの けいさんは、はじめに まえの 2つの けいさんを した こたえと
3つめの かずを けいさんするんだ。じゅんばんに けいさんすれば いいよ。

⭐ かえるは、なんびき のこって いますか。
□に かずを かきましょう。

7ひき のって います。

2ひき おりました。

1ぴき おりました。

しき 7−□−□=□ **こたえ** □ひき

ひきざんも 1つの しきに かけるね。

7−2の こたえから 1を ひけば いいんだよ。

3 とりは、なんわ のこって いますか。
□に かずを かきましょう。

 きょうかしょ 53ページ**3**

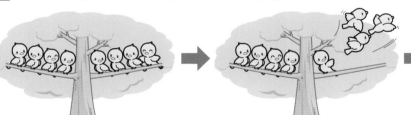
8わ います。　　　3わ とんで いきました。　　　2わ とんで いきました。

しき 8−□−□=□　　　こたえ □わ

4 ひきざんを しましょう。

 きょうかしょ 53ページ**4**

① 7−3−1=□

② 9−2−3=□

③ 13−3−4=□

313−3=10
10から 4を
ひけば いいね。

④ 17−7−6=□

おうちのかたへ 3つの数のたし算、ひき算を学習します。3+2=5、5+1=6のような2つのたし算を、3+2+1のように1つの式で表すことの便利さに注目しましょう。

55

もくひょう
たしざんと ひきざんが まじった 3つの かずの けいさんを しよう。

おわったら シールを はろう

3つの かずの けいさん [その2]

きほんのワーク

きょうかしょ ❷ 54ページ　　こたえ 19ページ

きほん 1 たしざんと ひきざんの まじった しきが かけますか。①

⭐ りすは、なんびきに なりますか。
□に かずを かきましょう。

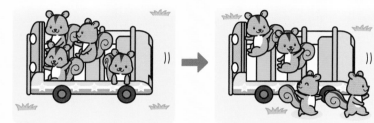

4ひき のって います。　　2ひき おりました。　　3びき のります。

しき　 4 － □ ＋ □ ＝ □　　こたえ □ ひき

たしざんと ひきざんの まじった けいさんも 1つの しきに かけるね。

4－2の こたえに 3を たせば いいね。

---

1 りんごは、なんこに なりますか。
□に かずを かきましょう。

きょうかしょ 54ページ ⑤

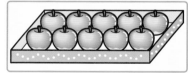　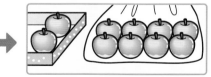　　

10こ あります。　　8こ あげました。　　4こ もらいます。

しき　 10 － □ ＋ □ ＝ □　　こたえ □ こ

2 けいさんを しましょう。

きょうかしょ 54ページ ⑥

❶ 5－1＋2＝ □　　　❷ 7－6＋5＝ □

❸ 10－9＋4＝ □　　　❹ 10－4＋3＝ □

56

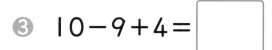さんすうはかせ　ひとしい ことを あらわす 「＝」は いぎりすの れこおどと いう ひとが つかいはじめたんだって。はじめ、2ほんの せんは いまより もっと ながかったよ。

⭐ ぺんぎんは、なんわに なりますか。
□に かずを かきましょう。

5わ います。　　　　4わ きます。　　　　2わ かえりました。

しき　5+ □ − □ = □ 　　こたえ　□ わ

おはなしの じゅんばんに
しきに かけば いいね。

5+4の こたえから
2を ひけば いいね。

❸ たまごは、なんこに なりますか。
□に かずを かきましょう。

📖 きょうかしょ 54ページ5

 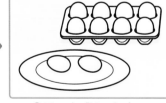 

2こ あります。　　　8こ もらいます。　　　3こ つかいました。

しき　2+ □ − □ = □ 　　こたえ　□ こ

❹ けいさんを しましょう。

📖 きょうかしょ 54ページ7 8

① 6+2−1= □ 　　② 3+7−4= □

③ 1+1+1+1= □ 　　④ 6−2−2−2= □

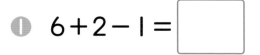 3つの数の計算のうち、たし算とひき算が混じったものを学習します。ブロックなどを使い、「増えたり、減ったり」することをイメージしてみましょう。

れんしゅうのワーク

べんきょうした 日　月　日

できた かず　/15もん 中

おわったら シールを はろう

1 しきの かきかた　おはなしに あう しきを せんで むすびましょう。□に こたえも かきましょう。

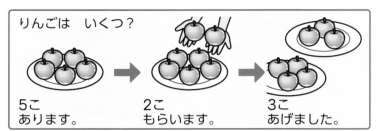

りんごは いくつ？
5こ あります。　2こ もらいます。　3こ あげました。

・　$5+2+3=$ □

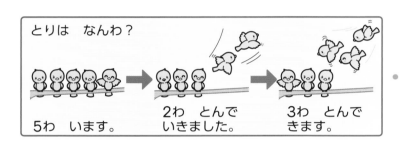

とりは なんわ？
5わ います。　2わ とんで いきました。　3わ とんで きます。

・　$5-2+3=$ □

・　$5+3+1=$ □

ねこは なんびき？
5ひき います。　2ひき きます。　3びき きます。

・　$5+2-3=$ □

2 3つの かずの けいさん　けいさんを しましょう。

① $4+5+1=$ □　　② $6+4+5=$ □

③ $8-2-3=$ □　　④ $19-9-4=$ □

⑤ $6-2+3=$ □　　⑥ $10-6+2=$ □

⑦ $4+5-7=$ □　　⑧ $8-2-2-2=$ □

できる ナビ　3つの かずの けいさんは まえから じゅんに すれば いいよ。ひきざんの しきの ときに ちゅういしよう。

とくてん

/100てん

おわったら
シールを
はろう

きょうしょ ② 51〜54ページ　　こたえ 20ページ

1 かめは、みんなで なんびきに なりますか。1つの しきに
かいて こたえましょう。

1つ10〔20てん〕

3びき います。　　　1ぴき きました。　　　2ひき かえりました。

しき

こたえ □ ひき

2 よくでる おにぎりは、いくつ のこって いますか。1つの
しきに かいて こたえましょう。

1つ10〔20てん〕

10こ あります。　　2こ たべました。　　3こ たべました。

しき

こたえ □ こ

3 けいさんを しましょう。

1つ10〔60てん〕

❶ 3+2+4= □

❷ 8+2+7= □

❸ 9−3−2= □

❹ 16−6−3= □

❺ 10−7+5= □

❻ 1+9−6= □

ふろくの「計算れんしゅうノート」12〜13ページを やろう！

□ 1つの しきに かく ことが できたかな？
□ 3つの かずの けいさんが できたかな？

どちらが おおい

もくひょう
いれものに はいる みずの おおさを くらべよう。

おわったら シールを はろう

きほんのワーク

きょうかしょ ❷ 55〜58ページ　　こたえ 21ページ

きほん 1　どちらが おおいか わかりますか。

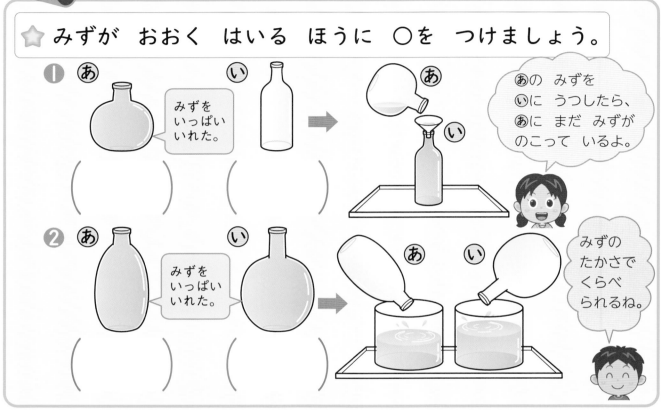

みずが おおく はいる ほうに ○を つけましょう。

① あ　い
みずを いっぱい いれた。

あの みずを いに うつしたら、あに まだ みずが のこって いるよ。

② あ　い
みずを いっぱい いれた。

みずの たかさで くらべられるね。

1　みずが おおく はいるのは どちらですか。　📖 きょうかしょ 55〜57ページ

① あ　い
あの みずを いに いれます。
（　　　）

② あ　い
（　　　）

2　はいって いる みずが いちばん おおいのは どれですか。　📖 きょうかしょ 57ページ③

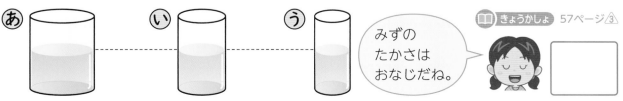

あ　い　う

みずの たかさは おなじだね。

さんすうはかせ　ぺっとぼとるや ぎゅうにゅうぱっくに 500mLや 1Lと かかれて いるよね。のみものの おおさを あらわして いるんだよ。

⭐ みずは、どちらが どれだけ おおく はいりますか。

あ は 🥛で ☐ はい　　い は 🥛で ☐ はい

▶ ☐ の ほうが、☐ はいぶん おおく はいる。

③ いれものに はいる みずを こっぷに うつしかえました。

📖 きょうかしょ 57〜58ページ

❶ それぞれの いれものには、こっぷで なんばいぶんの みずが はいりますか。

あ ☐ はい　　い ☐ はい　　う ☐ はい

❷ みずが いちばん おおく はいるのは、どの いれものですか。

（　　　）

❸ いの いれものには、あの いれものより こっぷの なんばいぶん おおく はいりますか。

☐ はい

おうちのかたへ　かさ（体積）の比べ方を学習します。移しかえて比べる方法、同じ物に入れかえ、その何杯分で比べる方法を学びます。これは２年でのかさの単位（dL、L、mL）へとつながっていきます。

61

れんしゅうのワーク

べんきょうした 日 ▶ 月 日

てきた かず

/5もん 中

おわったら
シールを
はろう

きょうかしょ ② 55〜58ページ　こたえ 21ページ

1 くらべかた　みずが おおく はいるのは どちらですか。

①

②

（　　　）

（　　　）

⒤には
まだ
はいるね。

2 かさくらべ　みずが おおく はいって いるのは どちらですか。

①　あ　　い

②　あ　い

（　　　）

（　　　）

3 こっぷで くらべる　みずが おおく はいる じゅんに かきましょう。

あ →

い →

う →

（　　　　→　　　→　　　）

できるナビ　❸ こっぷを つかうと 3つの かさを いちどに くらべる ことが できるよ。
こっぷを つかうと いちどに たくさんの かさを くらべる ことが できるんだね。

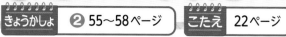

1 はいって いる みずが おおい じゅんに かきましょう。

あ　　　　　　　　い　　　　　　　　う　　　　　　〔25てん〕

いれものの おおきさは
おなじで、みずの
たかさが ちがうね。

(　　　　　 → 　　　　　 → 　　　　　)

2 よくでる いれものに はいる みずを おなじ こっぷに
いれたら、したのように なりました。

1つ15〔75てん〕

なべ

すいとう

ぽっと

❶ それぞれの いれものには、こっぷで なんばいぶんの
みずが はいりますか。

●なべ　　　　　　　●すいとう　　　　　　●ぽっと

　　　　はい　　　　　　　　はい　　　　　　　　はい

❷ みずが いちばん おおく はいるのは
どの いれものですか。　　　　　　　　(　　　　　)

❸ みずが 2ばんめに おおく はいるのは
どの いれものですか。　　　　　　　　(　　　　　)

□いれものに はいる みずの かさを くらべる ことが できたかな?
□こっぷの いくつぶんで みずの かさを くらべる ことが できたかな?

63

たしざん ［その1］

きほんのワーク

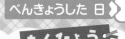

もくひょう

9や 8に たす
たしざんを しよう。

おわったら
シールを
はろう

きょうかしょ ② 60〜65ページ　　こたえ 22ページ

きほん① 9に たす たしざんが わかりますか。

⭐ 9＋3の けいさんの しかたを かんがえます。
□に かずを かきましょう。

① 9は あと □ で 10。

② 3を 1と □ に わける。

③ 9に 1を たすと □ 。

④ 10と 2で □ 。

10の まとまりを
つくれば いいね。
9は あと 1で 10だから、
3を 1と 2に わけるよ。

$$9＋3＝12$$

10 ① ②

---

1 ○と □に かずを かきましょう。　　📖 きょうかしょ 61〜62ページ

① $9＋7＝$ □

10 ① ④

・9に ○ を たすと 10。

10と ○ で 14。

② $9＋7＝$ □

10 ① ⑥

・9に ○ を たすと 10。

10と ○ で 16。

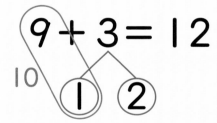

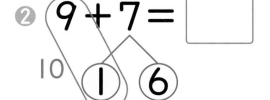
たしざんでは 10の まとまりを つくる ことが たいせつだよ。あわせて 10に
なる くみあわせを すらすら いえるように して おこう。

⭐ ○に かずを かいて、たしざんの
しかたを せつめいしましょう。

❶ 8 + 5 = 13

10 ② ③

・8に ◯ を たすと 10。

10と ◯ で 13。

❷ 8 + 7 = 15

10 ② ⑤

・8に ◯ を たすと 10。

10と ◯ で 15。

2 ○と □に かずを かきましょう。  きょうかしょ 61〜64ページ

❶ 9 + 4 = ☐

10 ① ③

❷ 8 + 6 = ☐

10 ② ④

❸ 8 + 4 = ☐

10 ②

❹ 9 + 8 = ☐

10

3 けいさんを しましょう。 きょうかしょ 65ページ⑤

❶ 9+6 = ☐ ❷ 8+3 = ☐ ❸ 9+2 = ☐

❹ 8+9 = ☐ ❺ 8+8 = ☐ ❻ 9+9 = ☐

おうちのかたへ くり上がりのあるたし算の学習をします。初めは、たす数（＋の後の数）を2つに分けて10
をつくる「加数分解」を学びます。

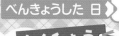

べんきょうした 日 ▶　　月　　日

もくひょう

いろいろな
やりかたで
たしざんを　しよう。

おわったら
シールを
はろう

たしざん ［その2］

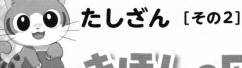

きほんのワーク

きょうかしょ ② 64～67ページ　　こたえ 23ページ

きほん ❶ 　7、6に　たす　たしざんが　わかりますか。

⭐ ◯に　かずを　かいて、たしざんの
しかたを　せつめいしましょう。

❶ 7＋5＝12
10
③ ②

・7に ◯ を　たすと　10。

10と ◯ で　12。

❷ 6＋6＝12
10
④ ②

・6に ◯ を　たすと　10。

10と ◯ で　12。

7＋5や　6＋6も、
10と　いくつに　なるように、うしろの
かずを　わけると　いいね。

❶ けいさんを　しましょう。

きょうかしょ 65ページ⑤

① 7＋4＝ ▢　　② 6＋7＝ ▢　　③ 6＋9＝ ▢

④ 6＋5＝ ▢　　⑤ 7＋7＝ ▢　　⑥ 7＋6＝ ▢

⑦ 7＋9＝ ▢　　⑧ 6＋8＝ ▢　　⑨ 7＋8＝ ▢

 さんすうはかせ ＋の　あとの　かずを　わけて　10の　まとまりを　つくる　やりかたと、
＋の　まえの　かずを　わけて　10を　つくる　やりかたが　あるよ。

☆ 4＋9の けいさんを ①、②の やりかたで
かんがえましょう。

① 4を 10に
する。

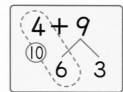

4に ☐ を たすと 10。

10と ☐ で ☐ 。

② 9を 10に
する。

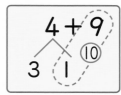

9に ☐ を たすと 10。

☐ と 10で ☐ 。

2 3＋8を ２つの やりかたで けいさんしましょう。

📖 きょうかしょ 66ページ 8

① 3＋8＝ ☐

7 ◯

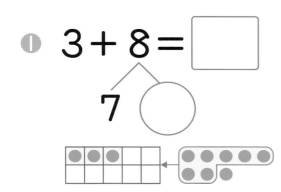

② 3＋8＝ ☐

1 ◯

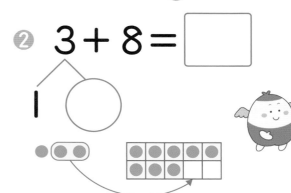

3 けいさんを しましょう。

📖 きょうかしょ 67ページ ⚠

① 3＋9＝ ☐　② 5＋9＝ ☐　③ 4＋8＝ ☐

④ 5＋8＝ ☐　⑤ 4＋7＝ ☐　⑥ 8＋8＝ ☐

⑦ 9＋2＝ ☐　⑧ 8＋3＝ ☐　⑨ 9＋9＝ ☐

おうちのかたへ　＋の後の数を２つに分けて10のまとまりをつくる方法（加数分解）と、＋の前の数を２つに
分けて10のまとまりをつくる方法（被加数分解）を学びます。

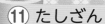

たしざん ［その3］

きほんのワーク

べんきょうした 日 ▷　　月　　日

もくひょう
たしざんの かあどを
つかって、けいさん
に なれよう。

おわったら
シールを
はろう

きょうかしょ ② 68〜69ページ　　こたえ 24ページ

きほん ① おなじ こたえの しきが わかりますか。

 こたえが おなじに なる かあどを あつめて います。
あいて いる かあどに はいる しきを かきましょう。

こたえ〔14〕

6 + 8

8 + 6

9 + 5

こたえ〔15〕

6 + 9

8 + 7

こたえ〔16〕

7 + 9

9 + 7

こたえ〔17〕

9 + 8

この かあどから えらぼう。

5 + 9　　7 + 8　　8 + 9

9 + 6　　7 + 7　　8 + 8

---

1 □に かずを かいて、こたえが 13に なる かあどを
つくりましょう。

きょうかしょ 68〜69ページ

① 9 + □　　　② 5 + □

③ □ + 6　　　④ □ + 7

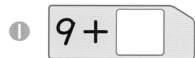

2 こたえが 12の かあどを ならべました。
□に かずを かきましょう。

きょうかしょ 68〜69ページ

3 + 9 ー 4 + □ ー 5 + 7 ー 6 + □

□ + 5 ー 8 + 4 ー 9 + 3 →

おうちのかたへ　たし算のカードを使って、答えが同じになる式を見つけます。数の並び方のきまり、
たす数とたされる数（＋の後と前の数）の関係に目を向けるようにしましょう。

れんしゅうのワーク❶

べんきょうした 日　　月　　日

できた かず　　／15もん 中

おわったら シールを はろう

きょうかしょ ❷ 60～70ページ　　こたえ 24ページ

1 たしざん　□に かずを かきましょう。

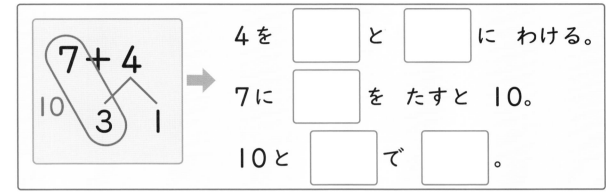

❶　7＋4　10　3　1
4を □と □に わける。
7に □を たすと 10。
10と □で □。

❷　9＋5　10　1　4
5を □と □に わける。
9に □を たすと 10。
10と □で □。

2 たしざんの かあど　□に かずを かいて、こたえが 11に なる かあどを つくりましょう。

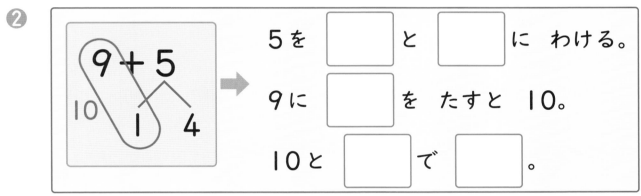

❶ 5＋□　　❷ □＋8

❸ 7＋□　　❹ 2＋□

3 もんだい　8＋6の しきに なる もんだいを つくりましょう。

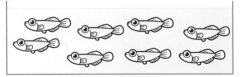　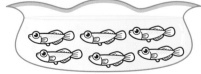　どんな もんだいに なったかな？　

できるナビ　❸ ひだりの すいそうに めだかが 8ひき、みぎの きんぎょばちに めだかが 6ぴき いるね。これを もとに もんだいを つくろう。

69

れんしゅうのワーク❷

できた かず

/15もん 中

おわったら
シールを
はろう

きょうかしょ ❷ 60〜70ページ 　 こたえ 25ページ

1 たしざんかあど　こたえが おなじに なる かあどを せんで むすびましょう。□に こたえも かきましょう。

8 + 5 ・

・ 9 + 5 =

3 + 9 ・

・ 7 + 4 =

7 + 7 ・

・ 6 + 6 =

5 + 6 ・

・ 8 + 7 =

9 + 6 ・

・ 5 + 8 =

2 しきづくり　こたえが 12に なる たしざんの しきを、5つ つくりましょう。

□ + □ = 12　　□ + □ = 12

□ + □ = 12　　□ + □ = 12

□ + □ = 12

できるナビ　けいさんに つよく なるには なんかいも けいさんを れんしゅうする ことが たいせつだよ。まちがえた もんだいは やりなおして おくように しようね。

まとめのテスト

きょうかしょ ❷ 60〜70ページ　　こたえ 25ページ

じかん **20** ぷん

とくてん

/100てん

おわったら シールを はろう

1 けいさんを しましょう。

1つ5〔60てん〕

① 2+9＝ ☐　　　　② 7+8＝ ☐

③ 6+5＝ ☐　　　　④ 9+7＝ ☐

⑤ 6+9＝ ☐　　　　⑥ 3+8＝ ☐

⑦ 5+9＝ ☐　　　　⑧ 5+8＝ ☐

⑨ 4+7＝ ☐　　　　⑩ 8+9＝ ☐

⑪ 9+4＝ ☐　　　　⑫ 7+6＝ ☐

2 おやの きりんが 4とう います。こどもの きりんが 8とう います。きりんは、ぜんぶで なんとう いますか。

1つ10〔20てん〕

しき ☐

こたえ (　　　　　)

3 きんぎょを 7ひき かって います。4ひき もらいました。きんぎょは、ぜんぶで なんびきに なりましたか。

1つ10〔20てん〕

しき ☐

こたえ (　　　　　)

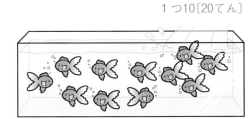

ふろくの「計算れんしゅうノート」14〜18ページを やろう！

 チェック ✓
☐ 10の まとまりを つくる ことが できたかな？
☐ たしざんの けいさんが できるように なったかな？

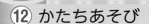

かたちあそび

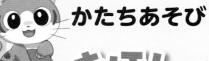

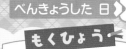

もくひょう

みのまわりに ある かたちを しろう。かたちを つかって えを かこう。

おわったら シールを はろう

きょうかしょ ② 72〜75ページ こたえ 25ページ

きほん ① にて いる かたちが わかりますか。

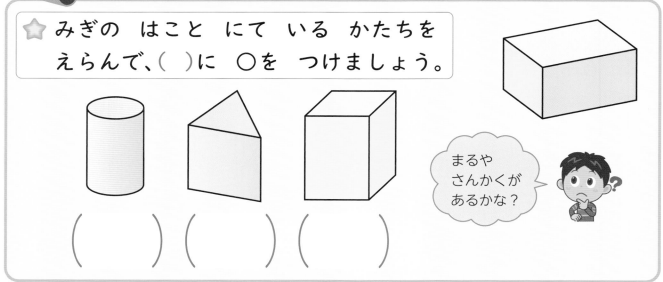

⭐ みぎの はこと にて いる かたちを えらんで、( )に ○を つけましょう。

まるや さんかくが あるかな？

( ) ( ) ( )

つつの かたち はこの かたち

① ⬜ の なかまには ○を、⬜⬜ の なかまには □を かきましょう。

📖 きょうかしょ 74ページ

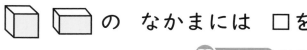

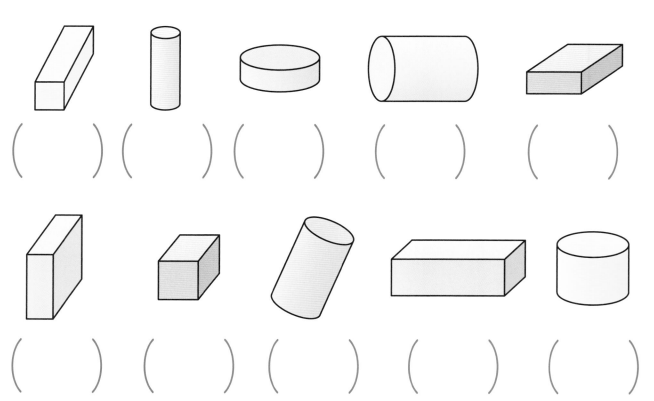

( ) ( ) ( ) ( ) ( )

( ) ( ) ( ) ( ) ( )

さんすうはかせ てぃっしゅぺえぱあの あきばこが あったら、はさみを つかって きりひらいて ごらん。どんな かたちに なるかな。はさみは おうちの ひとと つかおうね。

⭐ つみきの　そこの　かたちを　うつしました。うつした
かたちを　●——●で　むすびましょう。

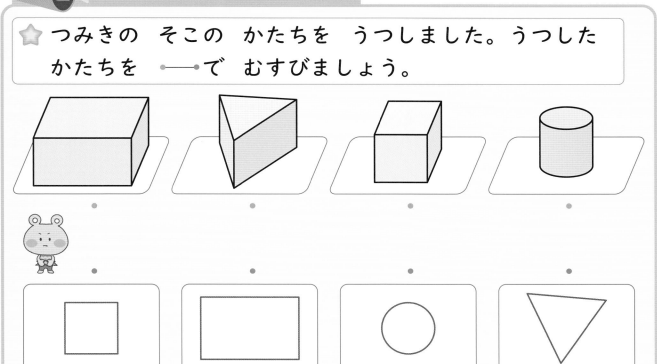

2 うつしとれる　かたちに　ぜんぶ　○を　つけましょう。

📖 きょうかしょ 75ページ

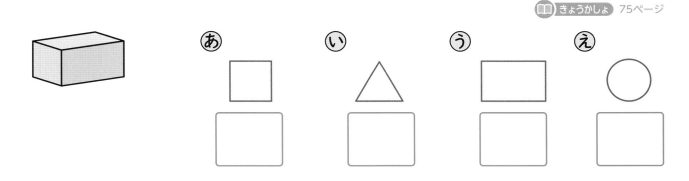

3 うつしとれる　かたちに　ぜんぶ　○を　つけましょう。

📖 きょうかしょ 75ページ

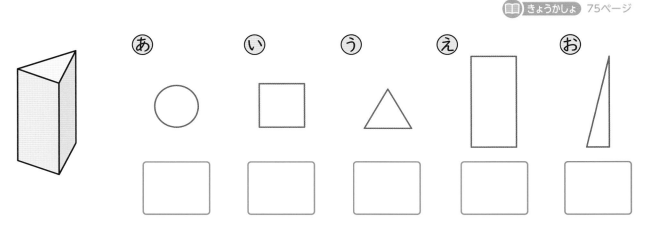

おうちのかたへ　丸、三角、四角の特徴を知り、それらを使って、いろいろな絵をかく学習をします。
箱や積み木の辺を使って、面の形を写し取ってみてください。

73

れんしゅうのワーク

できた かず

／3もん 中

おわったら
シールを
はろう

きょうかしょ　❷ 72〜75ページ　　こたえ　26ページ

1 ころがる かたち　したの つみきの なかで、ころがる ものに ぜんぶ ○を つけましょう。

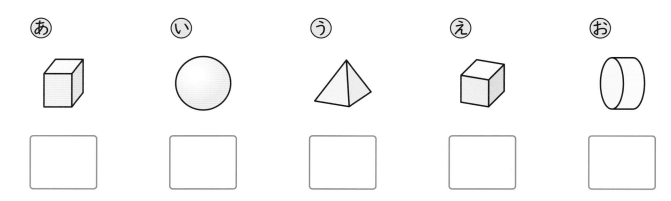

あ　い　う　え　お

2 つみき　したの つみきの なかで、べつの つみきを うえに つむ ことが できる ものに ぜんぶ ○を つけましょう。

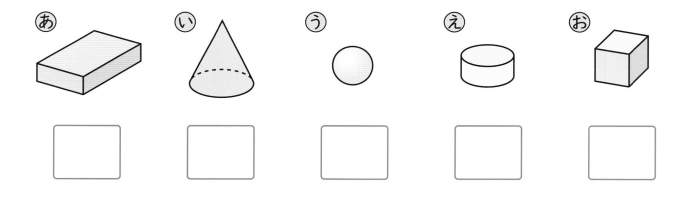

あ　い　う　え　お

3 はこの かたち　うつしとれる かたちに ぜんぶ ○を つけましょう。

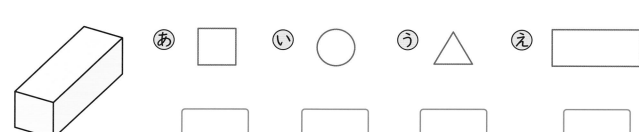

あ　い　う　え

できる ナビ　みの まわりに ある ものから、ころがる かたち、つむ ことが できる かたち、まるい かたち、しかくい かたちを みつけて みよう。

 まとめのテスト

 じかん 20ぷん

とくてん

/100てん

おわったら シールを はろう

1 したの かたちを みて、あから けで こたえましょう。

1つ20〔60てん〕

あ 　い 　う 　え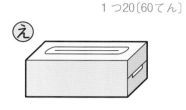

お 　か 　き 　く 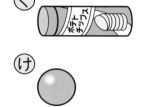　け

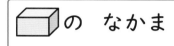 の なかま

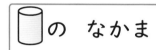 の なかま

 の なかま

2 つみきを つかって ❶、❷の かたちを かきました。

つかった つみきを あ、い、う、えで こたえましょう。

1つ15〔30てん〕

❶ （　　　　　）

❷  （　　　　　）

あ 　い 　う 　え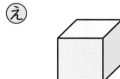

3 の かたちは いくつ ありますか。

〔10てん〕

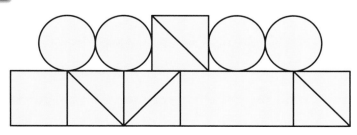

（　　　　　）つ

チェック ☑
□ いろいろな かたちの なかまわけが できたかな？
□ かたちを うつして えを かく ことが できたかな？

75

ひきざん ［その1］

きほんのワーク

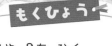

きょうかしょ ② 76〜80ページ　こたえ 26ページ

きほん 1　9を ひく ひきざんが わかりますか。

☆ 14－9の けいさんの しかたを かんがえます。
□に かずを かきましょう。

❶ 4から 9は ひけない。

❷ 14を 10と 4に わける。

❸ 10から 9を ひくと ［　　］。

❹ 1と 4で ［　　］。

$$14 - 9 = \boxed{}$$

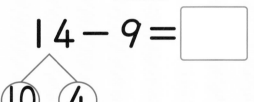

⑩ ④

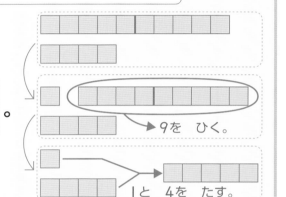

→ 9を ひく。

→ 1と 4を たす。

10の まとまりから ひいて のこりを たして いるね。

1　○と □に かずを かきましょう。
きょうかしょ 77〜78ページ

① $12 - 9 = \boxed{}$

⑩ ②

・12を 10と ◯ に わける。

・10から 9を ひくと ◯。

・1と ◯ で 3。

② $15 - 9 = \boxed{}$

⑩ ⑤

・15を 10と ◯ に わける。

・10から 9を ひくと ◯。

・1と ◯ で 6。

さんすうはかせ ーの まえの かずを 10と いくつに わけて かんがえよう。
わからない ときは ぶろっくを うごかしながら かんがえて みよう。

⭐ □に かずを かいて、ひきざんの
しかたを せつめいしましょう。

13−8＝5
⑩ ③

13を 10と
3に わければ
いいね。

・3から 8は ひけない。

・13を 10と □に わける。

・10から 8を ひくと □。

・2と 3で □。

② ○と □に かずを かきましょう。　　📖きょうかしょ 77〜79ページ

① 13−9＝ □
⑩ ③

② 12−8＝ □
⑩ ②

③ 14−8＝ □
○ ○

④ 16−9＝ □
○ ○

10の まとまりから ひこう。

③ けいさんを しましょう。　　📖きょうかしょ 80ページ⑤

① 16−8＝ □　② 11−9＝ □　③ 17−9＝ □

④ 15−8＝ □　⑤ 18−9＝ □　⑥ 17−8＝ □

おうちのかたへ 9や8をひく、くり下がりのあるひき算を学習します。ひかれる数を 10といくつに分解
し、10からひいて残りをたすことを意識しましょう。

77

ひきざん [その2]

きほんのワーク

べんきょうした 日 ▶ 月 日

もくひょう
いろいろな やりかたで
ひきざんを しよう。

おわったら
シールを
はろう

きょうかしょ ❷ 79〜82ページ   こたえ 27ページ

きほん 1　7、6、5を ひく ひきざんが わかりますか。

⭐ ○に かずを かいて、ひきざんの
しかたを せつめいしましょう。

❶ 14－7＝7
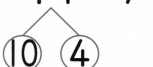
　⑩ ④

・ ○ から 7を ひくと 3。

3と ○ で 7。

❷ 11－6＝5
　⑩ ①

・ ○ から 6を ひくと 4。

4と ○ で 5。

❸ 12－5＝7
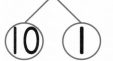
　⑩ ②

・ ○ から 5を ひくと 5。

5と ○ で 7。

1 けいさんを しましょう。　　　📖 きょうかしょ 80ページ⑤

① 15－7＝ □　② 13－6＝ □　③ 11－5＝ □

④ 12－6＝ □　⑤ 14－5＝ □　⑥ 12－7＝ □

⑦ 16－7＝ □　⑧ 14－6＝ □　⑨ 13－7＝ □

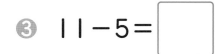 ひきざんの やりかたを こえに だして せつめいして みよう。こえに だして
せつめいすると とっても よく わかるよ。おうちの ひとに きいて もらおう。

⭐ 11－3の　けいさんを　❶、❷の　やりかたで
かんがえましょう。

❶　11を 10と
1に　わける。

$$11-3$$
10　1

10から 〔　〕を
ひくと 7。

7と 〔　〕で 〔　〕。

❷　3を 1と
2に　わける。

$$11-3$$
1　2

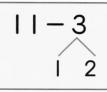

〔　〕から 1を
ひくと 10。

〔　〕から 2を
ひくと 8。

2　13－5を　2つの　やりかたで　けいさんしましょう。

 きょうかしょ 81ページ 8

❶　$13-5=$ 〔　〕

10 〇

❷　$13-5=$ 〔　〕

3 〇

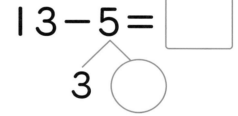

3　けいさんを　しましょう。

きょうかしょ 82ページ ⚠

❶ $11-2=$ 〔　〕　❷ $12-3=$ 〔　〕　❸ $12-4=$ 〔　〕

❹ $13-4=$ 〔　〕　❺ $14-8=$ 〔　〕　❻ $14-9=$ 〔　〕

❼ $15-6=$ 〔　〕　❽ $16-8=$ 〔　〕　❾ $17-8=$ 〔　〕

 おうちのかたへ　これまで学習した減加法に加えて、ひく数を2つに分けて2回ひく、減減法を学びます。
おもに減加法を学びますが、減減法の方が、計算しやすいこともあります。

79

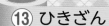

もくひょう

ひきざんの かあどを
つかって、けいさんに
なれよう。

おわったら
シールを
はろう

ひきざん ［その3］

きほんのワーク

きょうかしょ ② 83〜84ページ　こたえ 28ページ

きほん ①　おなじ こたえの しきが わかりますか。

⭐ こたえが おなじに なる かあどを あつめて います。
あいて いる かあどに はいる しきを かきましょう。

こたえ〔3〕

（　）

12－9

こたえ〔4〕

11－7

12－8

（　）

こたえ〔5〕

11－6

（　）

13－8

14－9

こたえ〔6〕

11－5

12－6

（　）

14－8

15－9

この かあどから えらぼう。

| 12－7 | 13－7 |
| 13－9 | 11－8 |

① □に かずを かいて、こたえが 7に なる かあどを
つくりましょう。

📖 きょうかしょ 83〜84ページ

① 12－□　　② 14－□

③ □－8　　④ □－6

② こたえが 8の かあどを ならべました。
□に かずを かきましょう。

📖 きょうかしょ 83〜84ページ

11－3　12－□　13－5　14－□

15－7　□－8　17－9 →

おうちのかたへ　ひき算のカードを使って、答えが同じになる式を見つけます。数のならび方のきまり、
ひく数とひかれる数（－の後と前の数）の関係に目を向けるようにしましょう。

れんしゅうのワーク①

できた かず

／12もん 中

おわったら
シールを
はろう

きょうかしょ ❷ 76〜85ページ　　こたえ 28ページ

1 ひきざん　□に かずを かきましょう。

❶
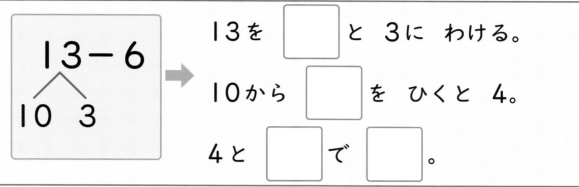

13−6
10 3

13を □ と 3に わける。

10から □ を ひくと 4。

4と □ で □。

❷

16−9
10 6

16を 10と □ に わける。

10から 9を ひくと 1。

□ と 6で □。

2 ひきざんの かあど　□に かずを かいて、こたえが 9に なる
かあどを つくりましょう。

❶ 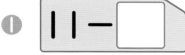 11− □

❷  □ − 4

❸ 15− □

❹ □ − 3

3 もんだい　13−5の しきに なる もんだいを つくりましょう。

[

]

でき**る** ナビ　❸ りんごは 13こ あるね。やじるしを みると 5この りんごが なくなる
みたいだ。これを もとに もんだいを つくろう。

れんしゅうのワーク❷

できた かず

/15もん 中

おわったら
シールを
はろう

きょうかしょ ❷ 76〜85ページ　　こたえ 28ページ

1 ひきざんかあど　こたえが おなじに なる かあどを せんで むすびましょう。□に こたえも かきましょう。

12 − 9　　　　・　　　　・　13 − 9 ＝ ☐

14 − 7　　　　・　　　　・　11 − 8 ＝ ☐

12 − 3　　　　・　　　　・　17 − 9 ＝ ☐

13 − 5　　　　・　　　　・　12 − 5 ＝ ☐

11 − 7　　　　・　　　　・　18 − 9 ＝ ☐

2 しきづくり　こたえが 8に なる ひきざんの しきを、5つ つくりましょう。

12 − ☐ ＝ 8　　　　　　11 − ☐ ＝ 8

15 − ☐ ＝ 8　　　　　　☐ − 5 ＝ 8

☐ − 6 ＝ 8

できる ナビ　けいさんに つよく なるには なんかいも けいさんを れんしゅうする ことが たいせつだよ。まちがえた もんだいは やりなおして おくように しよう。

まとめのテスト

きょうかしょ ② 76〜85ページ　こたえ 29ページ

じかん **20** ぷん

とくてん /100てん

おわったら シールを はろう

1 けいさんを しましょう。

1つ5〔60てん〕

① 11−4=☐ ② 12−6=☐

③ 13−7=☐ ④ 11−6=☐

⑤ 17−8=☐ ⑥ 14−5=☐

⑦ 12−8=☐ ⑧ 16−7=☐

⑨ 15−6=☐ ⑩ 13−6=☐

⑪ 16−9=☐ ⑫ 14−8=☐

2 よくでる えんぴつが 12ほん あります。4ほん つかうと、のこりは なんぼんに なりますか。

1つ10〔20てん〕

しき ☐

こたえ （　　　　）

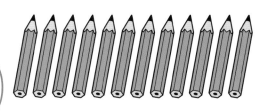

3 あかい いろがみが 16まい、あおい いろがみが 8まい あります。どちらが なんまい おおいですか。

1つ10〔20てん〕

しき ☐

こたえ （ ＿＿＿ い いろがみが、＿＿＿ まい おおい。）

 チェック ✓　□10と いくつに わける ことが できたかな？
□ひきざんの けいさんが できるように なったかな？

83

ふろくの「計算れんしゅうノート」19〜23ページを やろう！

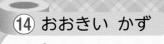

べんきょうした 日 ▶　　月　　日

もくひょう
おおきい かずの
かぞえかたと
かきかたを しろう。

おわったら
シールを
はろう

おおきい かず ［その1］

きほんのワーク

きょうかしょ ❷ 91～96ページ　　こたえ 30ページ

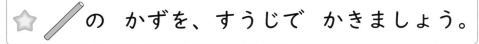
きほん **1** おおきい かずを かく ことが できますか。

⭐ ／ の かずを、すうじで かきましょう。

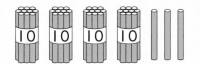

10が 4こで 　□　。

40と 3で よんじゅうさん と いいます。

十のくらい じゅう	一のくらい いち
□	□

たいせつ
10の まとまりは 十のくらいに、
ばらは 一のくらいに
かきます。

1 かずを かきましょう。
📖 きょうかしょ 92ページ❷

❶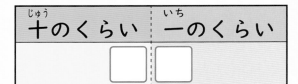

十のくらい	一のくらい
□	□

❷

十のくらい	一のくらい
□	□

2 かずを かきましょう。
📖 きょうかしょ 93ページ❸

❶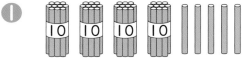
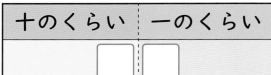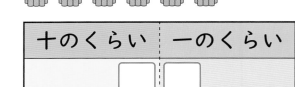

□

❷

□

さんすうはかせ　1が 10こ あつまると 「10」に なり、
10が 10こ あつまると 「100」に なるよ。

⭐ 47を あらわしましょう。

❶ ⬚⬚⬚⬚⬚⬚⬚⬚⬚⬚ が 4こで ⬚。

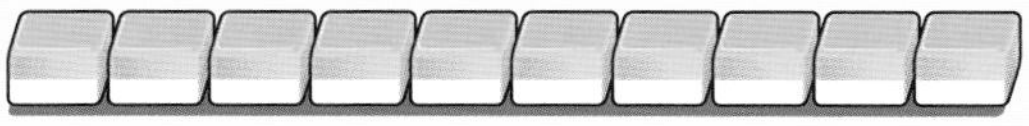

⬚ が 7こで ⬚。 40と 7で ⬚。

❷ 47は 十のくらいが ⬚ で、一のくらいが ⬚。

3 ⬚に かずを かきましょう。　📖 きょうかしょ 96ページ⑥

❶ 10が 8こで ⬚、1が 6こで ⬚、

80と 6で ⬚

10の まとまりが いくつで かんがえて いるんだね。

❷ 10が 7こで ⬚

❸ 94は、10が ⬚ こと 1が ⬚ こ

❹ 60は、10が ⬚ こ

4 ⬚に かずを かきましょう。　📖 きょうかしょ 96ページ⑦

❶ 十のくらいが 6、一のくらいが 3の かずは ⬚

❷ 十のくらいが 5、一のくらいが 0の かずは ⬚

❸ 80の 十のくらいの すうじは ⬚、

一のくらいの すうじは ⬚

おうちのかたへ　十進法の考えで、数を表すことを学びます。十の位、一の位の用語と考え方はとても重要です。空位の0の意味や役目をしっかりと確認しましょう。

もくひょう
100の いみと
かずの ならびかたを
しろう。

おわったら
シールを
はろう

おおきい かず [その2]

きほんのワーク

きょうかしょ ② 97〜101ページ　こたえ 30ページ

きほん 1 100の かずや おおきさや いみが わかりますか。

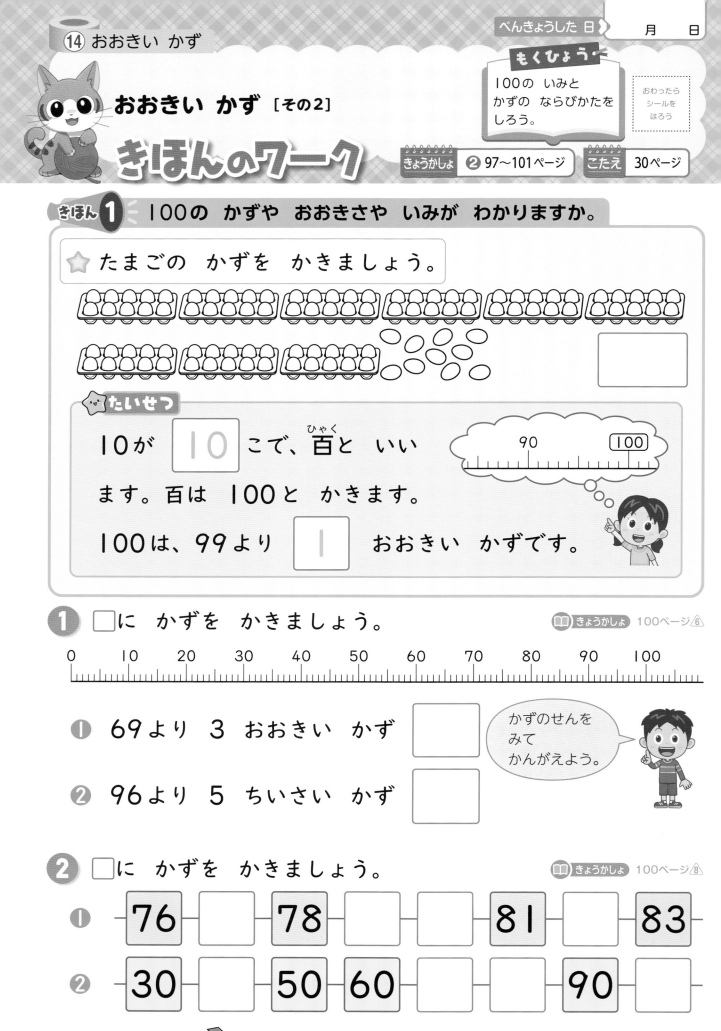

☆ たまごの かずを かきましょう。

たいせつ

10が 10 こで、百と いい
ます。百は 100と かきます。

90　100

100は、99より 1 おおきい かずです。

1 □に かずを かきましょう。　きょうかしょ 100ページ⑥

0　10　20　30　40　50　60　70　80　90　100

❶ 69より 3 おおきい かず □

❷ 96より 5 ちいさい かず □

かずのせんを
みて
かんがえよう。

2 □に かずを かきましょう。　きょうかしょ 100ページ⑧

❶ 76 □ 78 □ □ 81 □ 83

❷ 30 □ 50 60 □ □ 90 □

さんすうはかせ　かずのせんでは めもりの あいだの ながさは どこも おなじだよ。かずのせんでは
みぎに いくほど かずが おおきく なって いくんだ。

⭐ かずを かきましょう。

100と 4で

ひゃくよん
104

3 かずを かきましょう。 📖 きょうかしょ 101ページ②

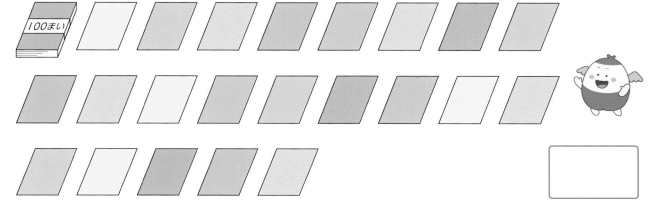

4 □に かずを かきましょう。 📖 きょうかしょ 101ページ③

① 97　98　□　□　101　□

② 107　108　□　□　□　112

③ 119　□　□　122　123　□

5 おおきい ほうに ○を つけましょう。 📖 きょうかしょ 100ページ⑦

① 60　71　　② 102　98　　③ 120　112

（　）（　）　（　）（　）　（　）（　）

もくひょう

おおきい かずの
たしざんと
ひきざんを しよう。

おわったら
シールを
はろう

おおきい かず ［その3］

きほんのワーク

きょうかしょ ❷ 102〜104ページ　　こたえ 30ページ

きほん ①　おおきい かずの けいさんが できますか。

⭐ 45は 40と 5です。
□に かずを かきましょう。

❶ 40に 5を たした かず

$40+5=$ ☐

❷ 45から 5を ひいた かず

$45-5=$ ☐

①　けいさんを しましょう。

きょうかしょ 102ページ③

❶ $30+4=$ ☐　　❷ $50+6=$ ☐

❸ $32-2=$ ☐　　❹ $74-4=$ ☐

②　けいさんを しましょう。

きょうかしょ 103ページ④⑤

❶ $53+4=$ ☐　　❷ $45+2=$ ☐

❸ $72+3=$ ☐　　❹ $67-5=$ ☐

❺ $68-3=$ ☐　　❻ $79-4=$ ☐

さんすうはかせ　百より おおきな かずも あるよ。百が 10こで 千、千が 10こで 1万に なるよ。しって いるかな。2ねんせいに なったら がくしゅうするよ。

⭐ けいさんを しましょう。

❶ 40＋30＝ ☐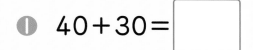

> 10の たばで かんがえれば いいね。

❷ 70－20＝ ☐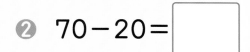

3 たしざんを しましょう。　📖 きょうかしょ 104ページ⑧

❶ 20＋30＝ ☐　　❷ 20＋60＝ ☐

❸ 10＋30＝ ☐　　❹ 40＋60＝ ☐

❺ 70＋30＝ ☐　　❻ 20＋80＝ ☐

4 ひきざんを しましょう。　📖 きょうかしょ 104ページ⑧

❶ 40－10＝ ☐　　❷ 80－30＝ ☐

❸ 70－40＝ ☐　　❹ 90－60＝ ☐

❺ 100－40＝ ☐　　❻ 100－50＝ ☐

5 ✏️ 30円 と 🧽 40円 で なん円ですか。　📖 きょうかしょ 104ページ⑥

しき ☐

こたえ ☐ 円

おうちのかたへ 2けたの数のたし算、ひき算です。**2** は、くり上がり、くり下がりのないたし算とひき算です。一の位どうしを計算しましょう。

89

れんしゅうのワーク

できた かず

／15もん 中

おわったら
シールを
はろう

きょうしょ ❷ 91〜104ページ　　こたえ 30ページ

1 かずの ならびかた　□に かずを かきましょう。

❶ 67 68 □ □ 71 □

❷ 50 □ □ 80 90 □

❸ 63より 4 おおきい かず　□

❹ 95より 2 ちいさい かず　□

❺ 58より 5 おおきい かず　□

❶は 1ずつ、
❷は 10ずつ
ふえて いるね。

2 かずの おおきさ　かずの おおきい じゅんに ならべかえます。
□に かずを かきましょう。

37　91　100　54　79

100 → □ → □ → □ → □

3 おおきな かずの けいさん　いろがみが 60まい あります。
20まい つかいました。のこりは なんまいに なりますか。

しき □

こたえ (　　　　　　)

できる ナビ　おおきい かずは「10の まとまりと ばら」で かんがえるよ。

じかん **20** ぷん

とくてん

/100てん

おわったら
シールを
はろう

きょうかしょ ❷ 91〜104ページ　　こたえ 31ページ

1 かずを かきましょう。

1つ10〔20てん〕

❶

❷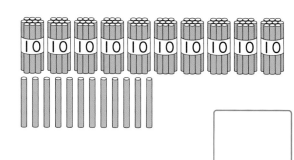

2 よくでる □に かずを かきましょう。

1つ8〔40てん〕

❶ 10が 4こと 1が 9こで □

❷ 80は、10が □ こ

❸ 十のくらいが 9、一のくらいが 7の かずは □

❹

100　　　　　110　　　　　120

3 けいさんを しましょう。

1つ5〔40てん〕

❶ 70＋10＝□　　　❷ 60＋40＝□

❸ 60－30＝□　　　❹ 100－20＝□

❺ 40＋5＝□　　　❻ 54－4＝□

❼ 63＋6＝□　　　❽ 78－3＝□

ふろくの「計算れんしゅうノート」24〜25ページを やろう！

☑ □100より おおきい かずが わかりましたか？
□おおきい かずの たしざん ひきざんが できましたか？

どちらが ひろい

もくひょう
ひろさくらべを
しよう。

おわったら
シールを
はろう

きほんのワーク

きょうかしょ ❷ 106〜107ページ　　こたえ 31ページ

きほん① ひろさを くらべる ことが できますか。①

⭐ ㋐、㋑の どちらが ひろいでしょうか。

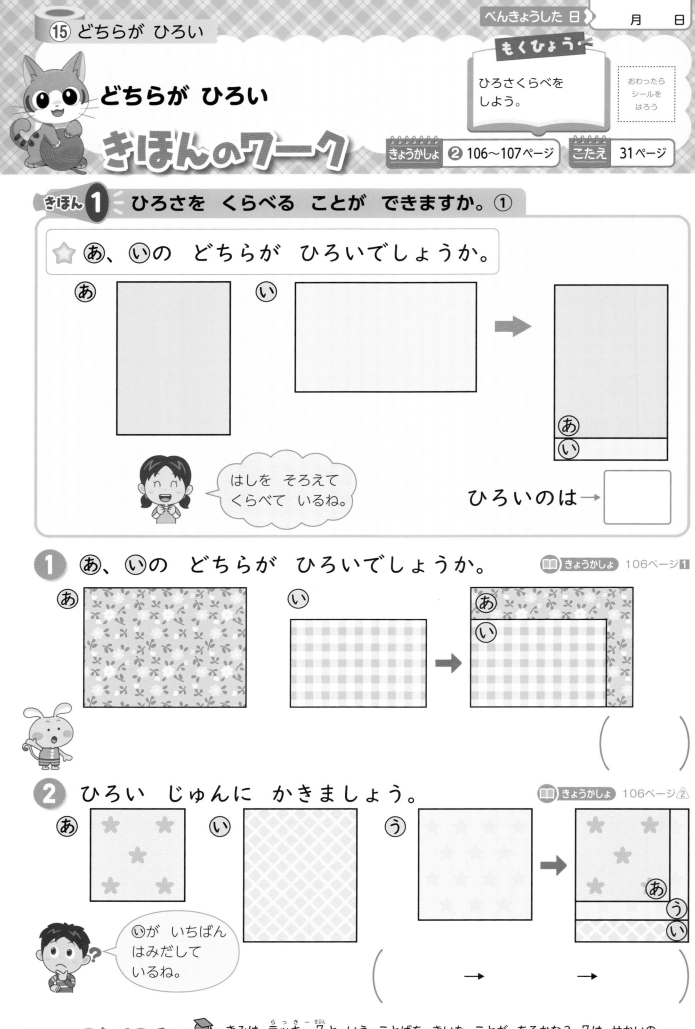

はしを そろえて
くらべて いるね。

ひろいのは →

① ㋐、㋑の どちらが ひろいでしょうか。　📖 きょうかしょ 106ページ❶

（　　　）

② ひろい じゅんに かきましょう。　📖 きょうかしょ 106ページ②

㋑が いちばん
はみだして
いるね。

（　　→　　→　　）

さんすうはかせ きみは ラッキー7と いう ことばを きいた ことが あるかな？ 7は せかいの
いろいろな くにで 「せいなる すうじ」 と して たいせつに されて いるんだって。

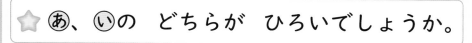

きほん2 ひろさを　くらべる　ことが　できますか。②

☆ あ、いの　どちらが　ひろいでしょうか。

あ

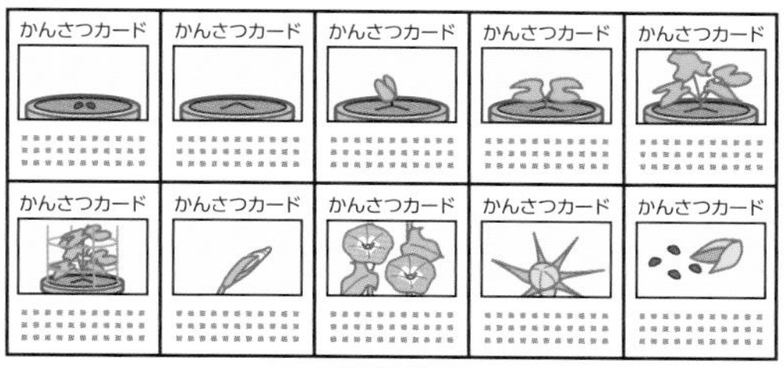

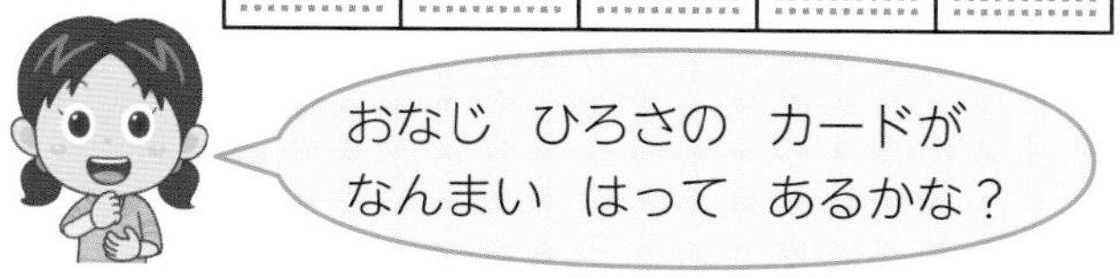
おなじ　ひろさの　カードが
なんまい　はって　あるかな？

い

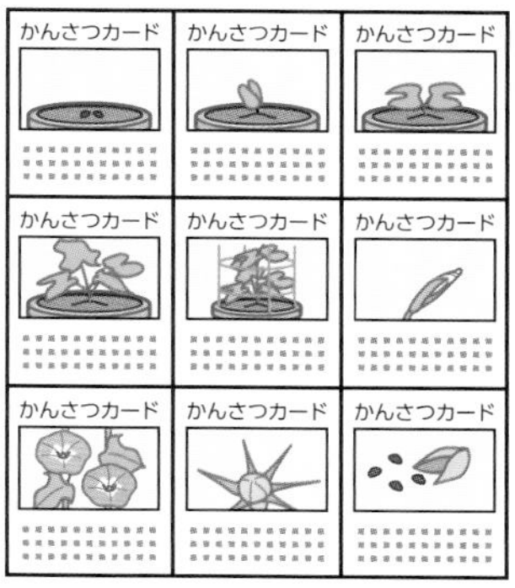

あは　カードの　[　　]　まいぶん。いは　[　　]　まいぶん。

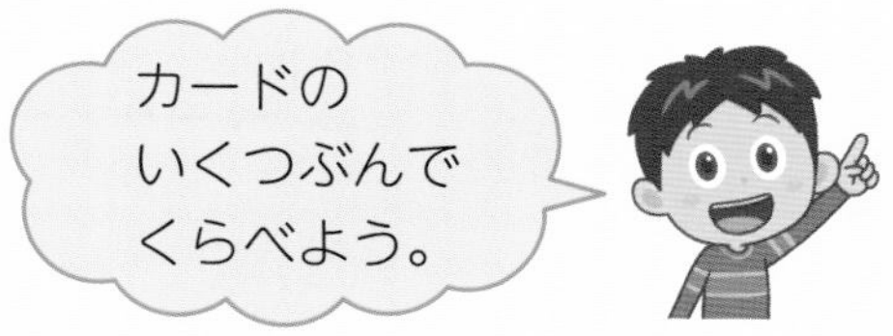
カードの
いくつぶんで
くらべよう。

ひろいのは→ [　　]

3 あ、いの　どちらが　ひろいでしょうか。 きょうかしょ 107ページ3

あ

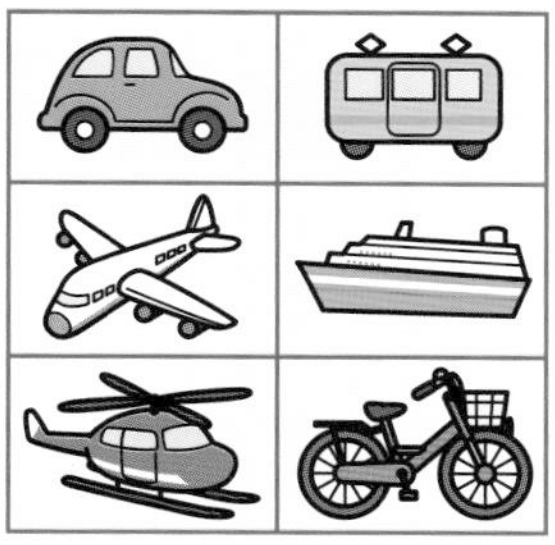

い

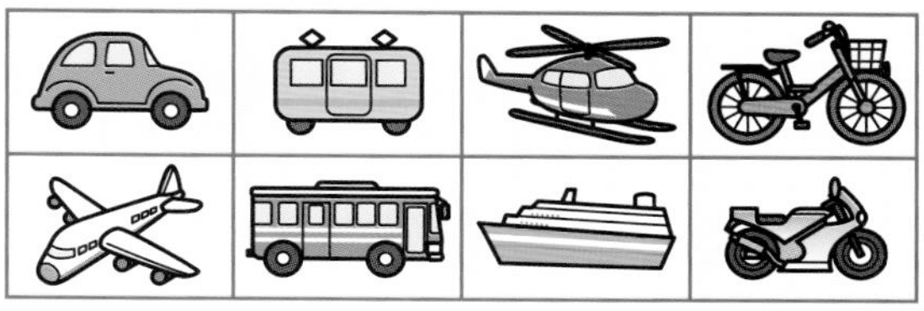

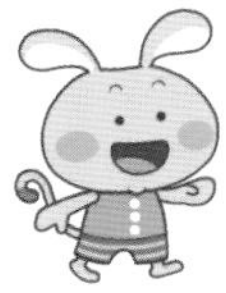

(　　　　)

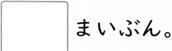

4 あかと　あおの　どちらが　ひろいでしょうか。 きょうかしょ 107ページ

❶

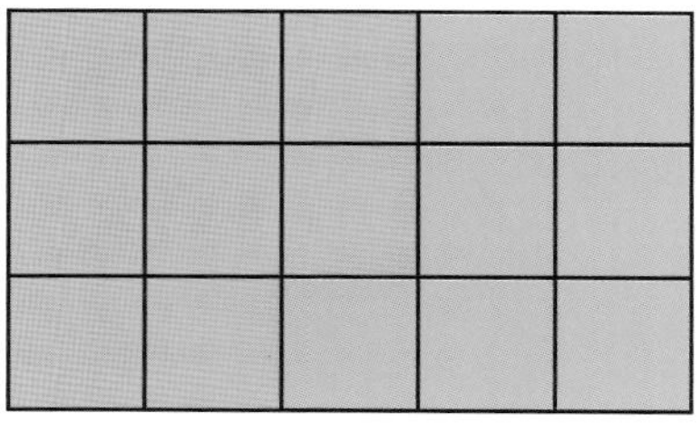

❷

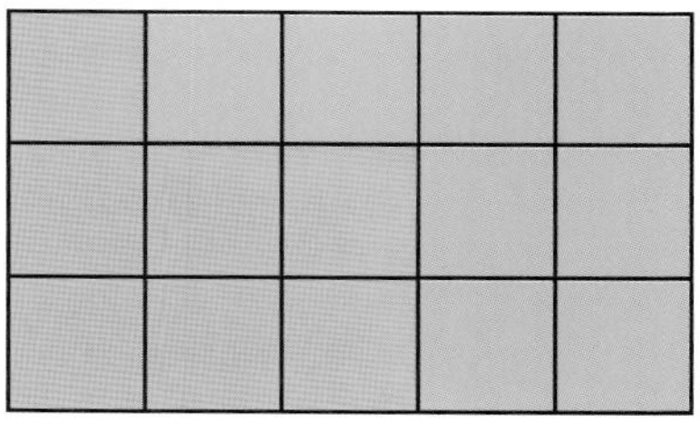

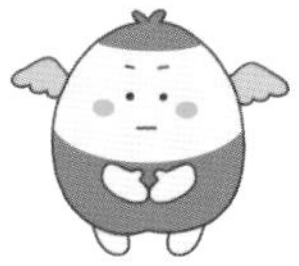

(　　　　)　(　　　　)

おうちのかたへ　広さ（面積）について学習します。シートやハンカチなどを重ねて広さを比べたり、同じ広さのもののいくつ分で比べたりします。

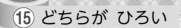

れんしゅうのワーク

きょうかしょ ❷ 106〜107ページ こたえ 32ページ

できた かず

/3もん 中

おわったら
シールを
はろう

1 ひろさくらべ① かみの うえに シールを ならべました。
どちらが ひろいでしょうか。

あ

い

(   )

2 ひろさくらべ② ひろい じゅんに かきましょう。

あ 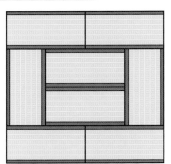 い 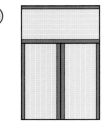 う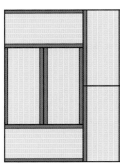

(→   →   )

3 おおきさくらべ あ、い の どちらの はこが
おおきいでしょうか。

あ い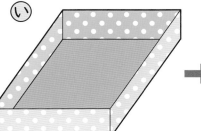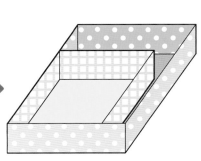

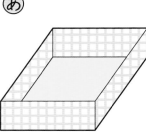

かさねて みると
わかるね！

(   )

できる ナビ 2つの ものの ひろさを くらべる ときは、はしを きちんと そろえて
くらべるように しよう。

まとめのテスト

1 あ、いの どちらが ひろいでしょうか。　1つ20〔40てん〕

①   →

（　　　　）

② 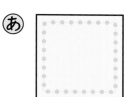 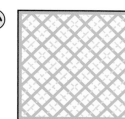 →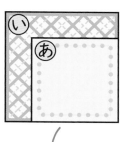

 かさねて みよう。

（　　　　）

2 どちらが ひろいでしょうか。　〔20てん〕

 なんまい はって あるかな？

（　　　　）

3 あかと あおの どちらが ひろいでしょうか。　1つ20〔40てん〕

①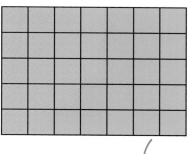

（　　　　）

②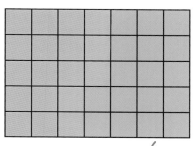

（　　　　）

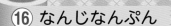

なんじなんぷん

きほんのワーク

べんきょうした 日 ▶ 月 日

もくひょう
とけいの よみかた
（なんじなんぷん）を
しろう。

おわったら
シールを
はろう

きょうかしょ ② 108〜110ページ   こたえ 32ページ

きほん 1 とけいの よみかたが わかりますか。①

☆ なんじなんぷんですか。

みじかい はりが
・ 7と 8の あいだ → 7じ
・ ながい はりが 3 → 15ふん

☐ じ ☐ ふん

みじかい はりで なんじ、
ながい はりで
なんぷんを よむんだね。

1 なんじなんぷんですか。

📖 きょうかしょ 108〜110ページ

❶

みじかい はりが
3と 4の あいだ
だから…。

❷

ながい はりの
2は 10ぷん
だから…。

(   )   (   )

❸

❹

(   )   (   )

  さんすうはかせ 1じかんは 60ぷん、1ぷんは 60びょう（あとで ならうよ）。
びょうと ふん、じかんは 60ごとに いいかたが かわるね。

⭐ したの　とけいを　よみましょう。

7じ [　　] ふん ➡ 7じ59ふん ➡ [　　] じ ➡ 8じ [　　] ぷん

ながい　はりの
1めもりは　1ぷんだよ。

みじかい　はりは
どこを　さして
いるかな。

2　せんで　むすびましょう。

📖 きょうかしょ 109〜110ページ

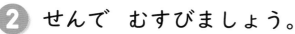

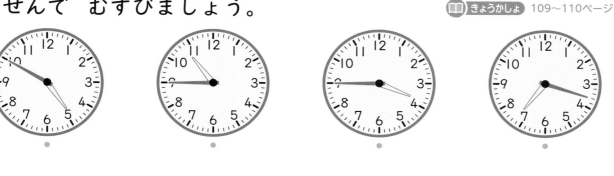

| 3じ45ふん | 4じ50ぷん | 7：18 | 10：45 |

3　なんじなんぷんですか。

📖 きょうかしょ 110ページ ④

① 11じ5ふん
かな？

② 6じ55ふん
かな？

（　　　　　　　）　　　　　　　　　（　　　　　　　）

おうちのかたへ　時刻を何時何分まで読めるようにします。時計を正確に読めないお子さんが多いので、
日頃から時計を見ることを習慣づけるようにしましょう。

れんしゅうのワーク

べんきょうした 日 ▶ 　月　　日

できた かず
/10もん 中

おわったら
シールを
はろう

1 とけいの よみかた　なんじなんぷんですか。

① 　② 　③

(　　　　　)(　　　　　)(　　　　　)

2 ながい はり　ながい はりを かきましょう。

① 1じ45ふん　② 9じ20ぷん　③ 6じ3ぷん

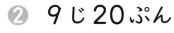　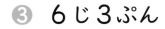

チャレンジ! 3 なんじなんぷん　せんで むすびましょう。

・　　　・　　　・　　　・

・　　　・　　　・　　　・

| 6:15 | 8:15 | 7:15 | 9:15 |

98

できるナビ　はりの ある とけいの ほかに、デジタルの とけいも あるよ。
いろいろな とけいを よめるように なろう。

まとめのテスト

きょうかしょ ② 108〜110ページ　こたえ 33ページ

じかん 20ぷん

とくてん　／100てん

おわったら
シールを
はろう

1 したの とけいを よみましょう。

1つ10〔40てん〕

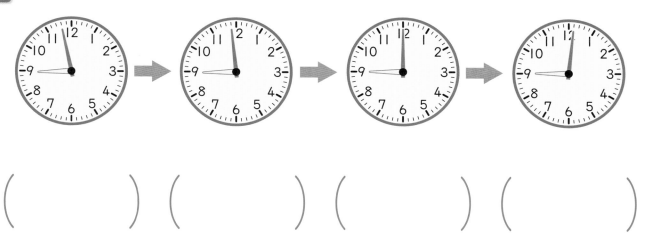

(　　) (　　) (　　) (　　)

2 よくでる なんじなんぷんですか。

1つ10〔60てん〕

(　　)

(　　)

(　　)

(　　)

(　　)

(　　)

ふろくの「計算れんしゅうノート」27ページを やろう！

チェック ✓ □ ながい はりで なんぷんが よめるように なったかな？
□ なんじなんぷんを よむ ことが できたかな？

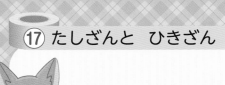

もくひょう
もんだいを ずに
あらわして
かんがえて みよう。

おわったら
シールを
はろう

たしざんと ひきざん [その1]

きほんのワーク

きょうかしょ ❷ 112〜115ページ　こたえ 34ページ

きほん 1 なんにん いるか わかりますか。

⭐ あおいさんは、まえから 7ばんめに います。あおい
さんの うしろに 3にん います。みんなで なんにん
いますか。( )に かずを かいて こたえましょう。

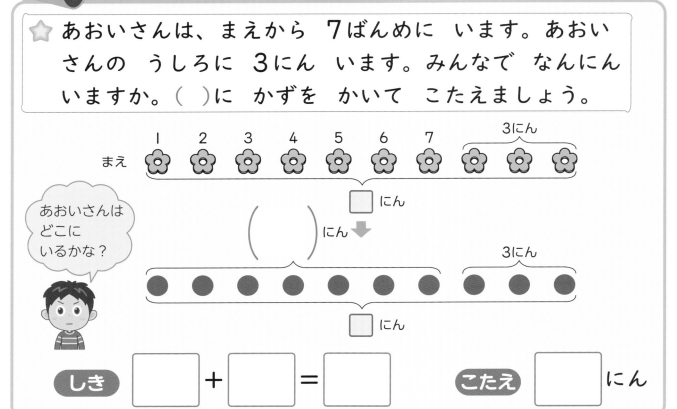

あおいさんは
どこに
いるかな？

|１|２|３|４|５|６|７| |3にん|
まえ

（　　）にん

▢にん

▢にん

3にん

しき ▢ ＋ ▢ ＝ ▢　　こたえ ▢ にん

---

1 バスていに 12にん ならんで います。はるとさんは、
まえから 4ばんめに います。はるとさんの うしろには、
なんにん いますか。

📖 きょうかしょ 113ページ ❷

( )に
かずを
かいて
かんがえ
よう。

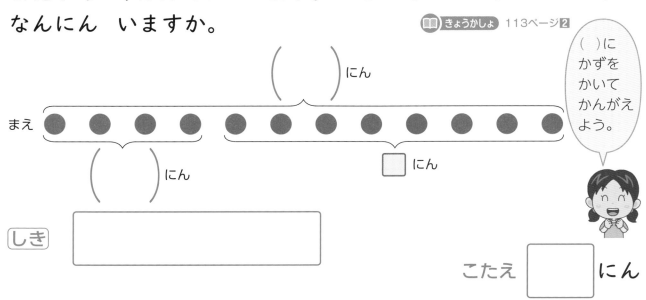

（　　）にん

まえ

（　　）にん

▢にん

しき

こたえ ▢ にん

さんすうはかせ ぶんしょうだいを とく ときは、ずに かいて かんがえよう。**1**の もんだいの
ように ●を つかって あらわすと わかりやすいね。

⭐ 5にんが 1こずつ ボールを もって います。
ボールは、あと 2こ あります。ボールは、ぜんぶで
なんこ ありますか。

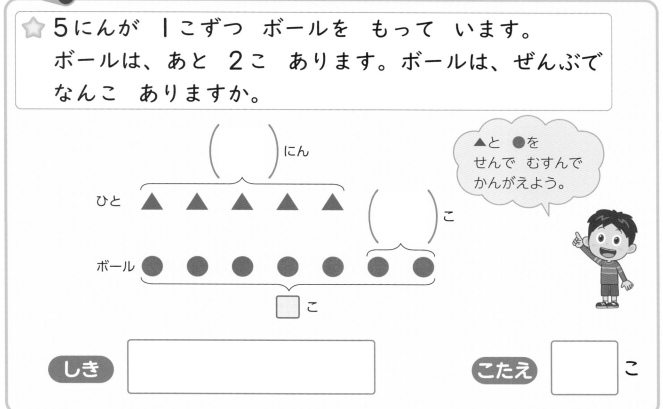

▲と ●を
せんで むすんで
かんがえよう。

（　　　　）にん

ひと ▲ ▲ ▲ ▲ ▲　　（　　　）こ

ボール ● ● ● ● ● ● ●

□ こ

しき　[　　　　　　　　　　　　]　こたえ　[　　]こ

② 10にんで しゃしんを とります。
いすが 6こ あります。
いすに すわれない ひとは
なんにんですか。　📖 きょうかしょ 115ページ 4

いすに すわれるのは
6にんだね。

（　　　　）こ

いす ▲ ▲ ▲ ▲ ▲ ▲

□ にん

ひと ● ● ● ● ● ● ● ● ● ●

（　　　　）にん

しき　[　　　　　　　　　　　　]

こたえ　[　　]にん

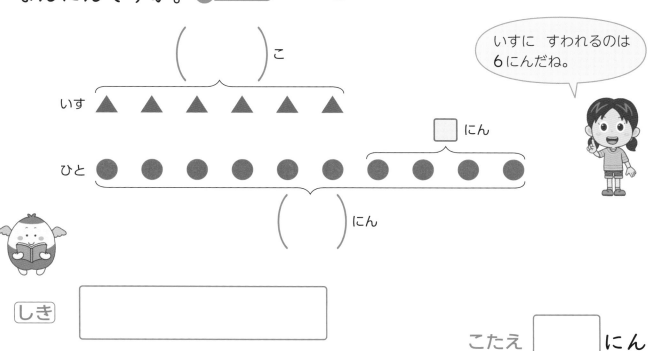

おうちのかたへ　文章題を図に整理して考える学習をします。ちょっと難しそうな問題も、図にかくと
理解しやすくなるので、どんどん図をかいてみるようにしましょう。

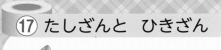

もくひょう
かずの ちがいや
ならびかたに きを
つけて かんがえよう。

おわったら
シールを
はろう

たしざんと ひきざん [その2]

きほんのワーク

きょうかしょ ② 116〜119ページ　　こたえ 34ページ

きほん 1 かずの ちがいを ずに かく ことが できますか。

☆ プリンを 7こ かいました。ゼリーは、プリンより
5こ おおく かいました。ゼリーは、なんこ
かいましたか。

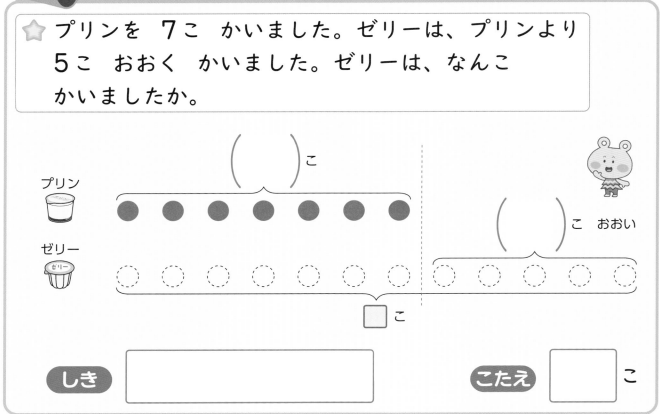

プリン

ゼリー

（　　　）こ

（　　　）こ おおい

□こ

しき [　　　　　　　　　　]　　こたえ [　　]こ

---

1 みかんを 12こ かいました。りんごは、みかんより 4こ
すくなく かいました。りんごは なんこ かいましたか。

📖 きょうかしょ 117ページ 7⑧

（　　　）こ

□こ

（　　　）こ すくない

しき [　　　　　　　　　　　　　]　　こたえ [　　]こ

さんすうはかせ　さいころには 1から 6までの しるしが あるよ。1の はんたいがわは 6、
2の はんたいがわは 5、3の はんたいがわは 4に なって いるよ。

⭐ こどもが 1れつに ならんで います。れんさんの まえに 5にん います。れんさんの うしろに 3にん います。みんなで なんにん ならんで いますか。

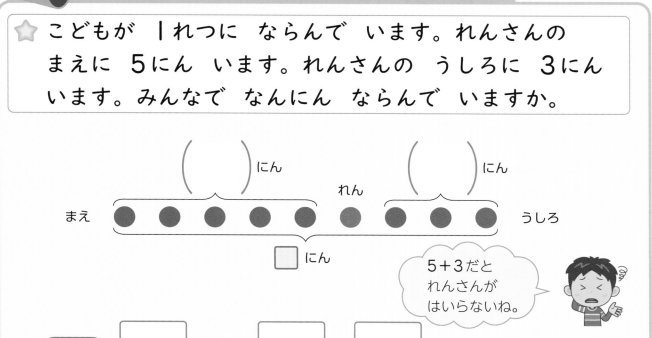

5+3だと れんさんが はいらないね。

しき [ ] +1+ [ ] = [ ]
　　 まえ　　 れん　うしろ

こたえ [ ] にん

2 バスていに ひとが ならんで います。あさひさんの まえに 3にん、うしろに 6にん ならんで います。みんなで なんにん ならんで いますか。

📖 きょうかしょ 118ページ9

① ずの つづきを かきましょう。

あさひさんの うしろに なんにん いるかな。

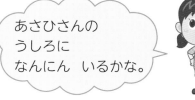

まえ ○ ○ ○ ● あさひ　　　　　　　　　うしろ

② しきと こたえを かきましょう。

しき [ ]

こたえ [ ] にん

おうちのかたへ 「何個多い」、「何個少ない」という問題は、1年生にとって理解しにくいようです。
図にかくことで、問題の内容をしっかりつかみましょう。

⑰ たしざんと ひきざん

れんしゅうのワーク

きょうかしょ ❷ 112〜119ページ　こたえ 34ページ

べんきょうした 日　月　日

できた かず　/8もん 中

おわったら シールを はろう

1 じゅんばん　こどもが 1れつに ならんで います。りくさんは、まえから 6ばんめに います。りくさんの うしろに 5にん います。みんなで なんにん いますか。

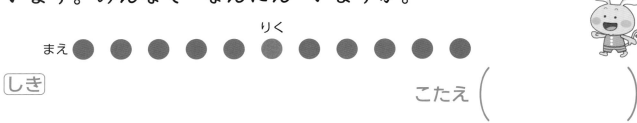

りく

まえ ● ● ● ● ● ● ● ● ● ● ●

しき　　　　　　　　　　　　　　　　　　こたえ (　　　　　　　)

2 ものと ひとの かず　14にんで いすとりゲームを します。いすは 8こ あります。いすに すわれない ひとは なんにんですか。

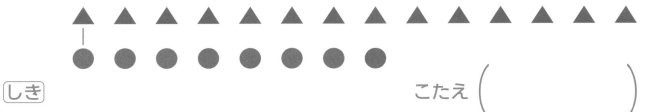

しき　　　　　　　　　　　　　　　　　　こたえ (　　　　　　　)

3 おおい すくない　あめを 13こ かいました。ガムは あめより 6こ すくなく かいました。ガムは なんこ かいましたか。

● ● ● ● ● ● ● ┊ ● ● ● ● ● ●
○ ○ ○ ○ ○ ○ ┊ ○ ○ ○ ○ ○ ○

しき　　　　　　　　　　　　　　　　　　こたえ (　　　　　　　)

4 じゅんばん　こどもが 1れつに ならんで います。そうたさんの まえに 3にん、うしろに 4にん います。みんなで なんにん ならんで いますか。

しき　　　　　　　　　　　　　　　　　　こたえ (　　　　　　　)

できる ナビ　ぶんしょうだいでは、もんだいの ぶんを よく よもう。そのあとで、●などを つかって ずに あらわして みると いいよ。

まとめのテスト

じかん 20 ぷん

とくてん
　　　　/100てん

おわったら
シールを
はろう

きょうかしょ ❷ 112〜119ページ　こたえ 34ページ

1 あかい はなが 6ぽん あります。きいろい はなは、
あかい はなより 5ほん おおいそうです。きいろい
はなは、なんぼん ありますか。
1つ8〔32てん〕

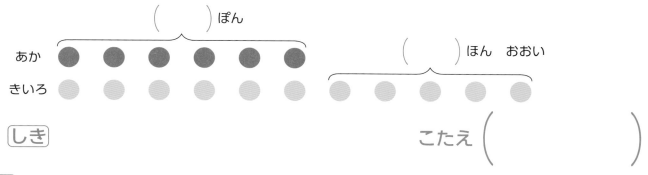

（　　）ぽん

あか

（　　）ほん おおい

きいろ

しき　　　　　　　　　　　　　こたえ（　　　　　　　　）

2 5にんが けんばんハーモニカを ふいて います。
けんばんハーモニカは、あと 4こ あります。
けんばんハーモニカは、ぜんぶで なんこ ありますか。1つ8〔32てん〕

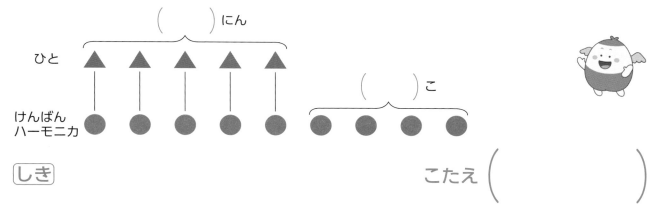

（　　）にん

ひと

（　　）こ

けんばん
ハーモニカ

しき　　　　　　　　　　　　　こたえ（　　　　　　　　）

3 よくでる こうていで こどもが 15にん ならんで います。
ひなさんは、まえから 8ばんめに います。ひなさんの
うしろには、なんにん いますか。
1つ9〔36てん〕

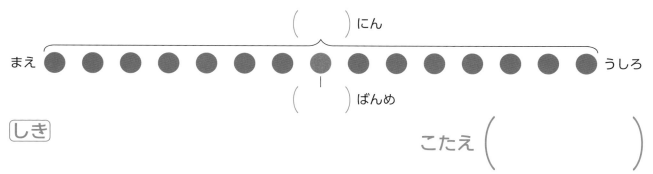

（　　）にん

まえ

うしろ

（　　）ばんめ

しき　　　　　　　　　　　　　こたえ（　　　　　　　　）

チェック ✓
□ もんだいを ずに あらわして かんがえる ことが できたかな？
□ かずの ちがいや ならびかたを かんがえる ことが できたかな？

べんきょうした 日　　月　　日

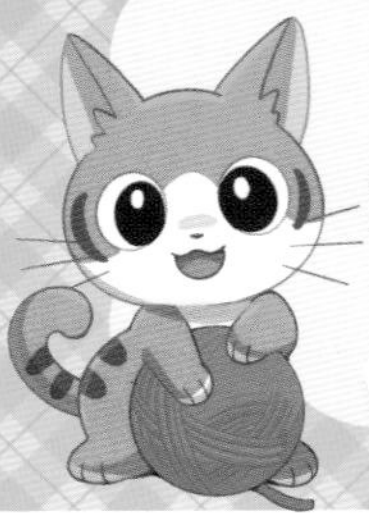

かたちづくり
きほんのワーク

もくひょう
かたちづくりの
おもしろさを
しろう。

おわったら
シールを
はろう

きょうかしょ ❷ 120〜124ページ　こたえ 35ページ

きほん 1 いろいたを　どのように　ならべたか　わかりますか。

☆ したの　かたちは、あの　いろいたが
なんまいで　できますか。

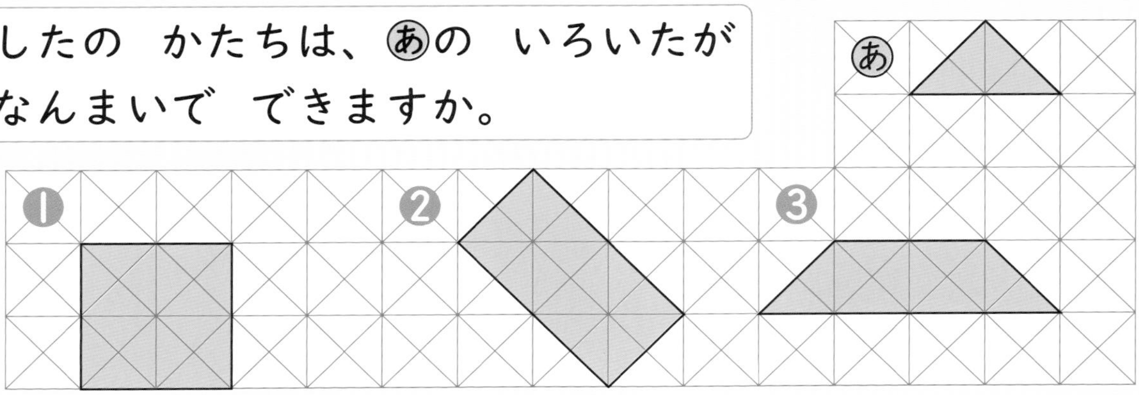

❶ □ まい　　❷ □ まい　　❸ □ まい

1 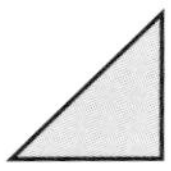 の　いろいた　6まいで　できた　ものを　あ〜きで
こたえましょう。

きょうかしょ 120〜121ページ

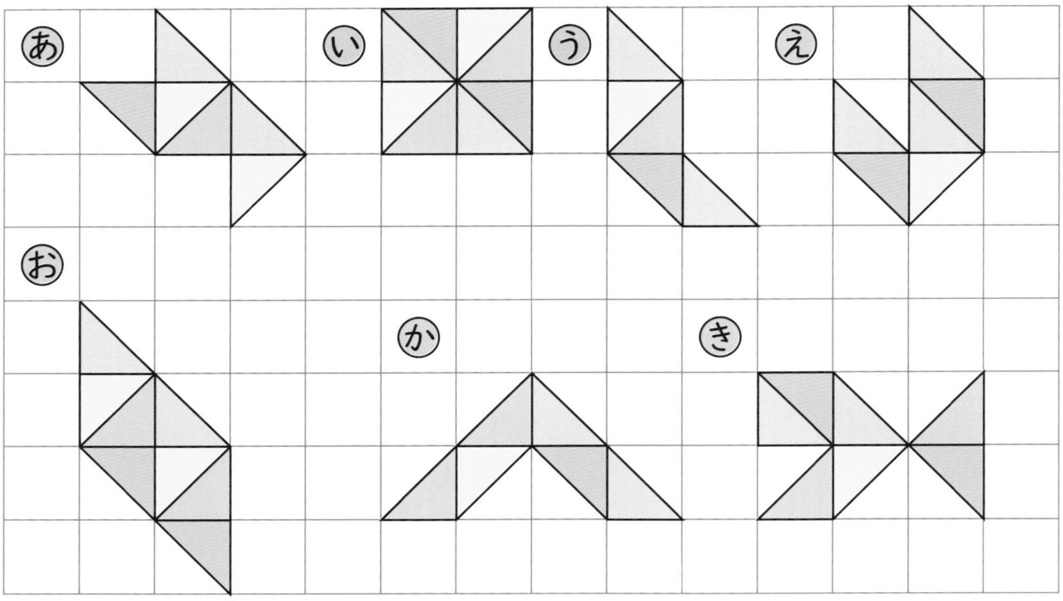

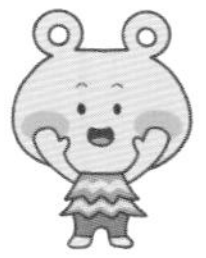

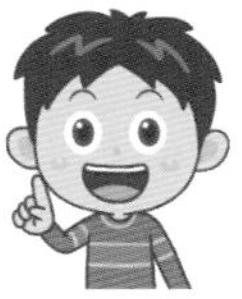

（　　　、　　　、　　　）

さんすうはかせ　こっぷや　ぐらすの　のみくちは　どうして　まるいのかな？　しかくや　さんかくの
こっぷだと　のむときに　くちの　よこから　みずが　こぼれて　しまうよね。

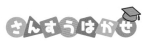

2 はじめの かたちから、いたを 1まいだけ うごかして、
❶〜❸の かたちに かえました。それぞれ どの いたを
うごかしましたか。

きょうかしょ 121ページ③

はじめの
かたち

あ い え う

❶

❷

❸

うごかし
たのは →
( ) ( ) ( )

きほん 2 ぼうを どのように ならべたか わかりますか。

☆ したの かたちは、あの ぼうを なんぼん
つかって いますか。

あ ▬

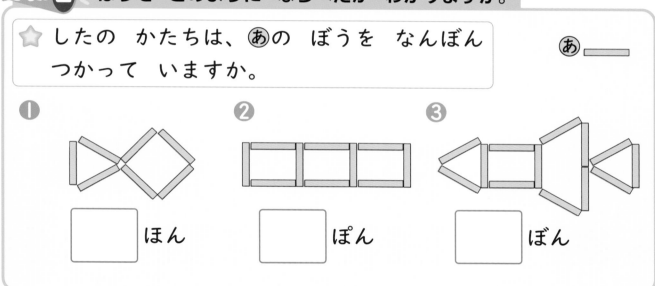

❶

❷

❸

☐ ほん   ☐ ぽん   ☐ ぼん

---

3 ・と ・を せんで つないで、いろいろな かたちを
かきましょう。

きょうかしょ 124ページ❻

・ ・ ・ ・ ・ ・ ・ ・ ・ ・ ・ ・ ・ ・ ・
・ ・ ・ ・ ・ ・ ・ ・ ・ ・ ・ ・ ・ ・ ・
・ ・ ・ ・ ・ ・ ・ ・ ・ ・ ・ ・ ・ ・ ・
・ ・ ・ ・ ・ ・ ・ ・ ・ ・ ・ ・ ・ ・ ・
・ ・ ・ ・ ・ ・ ・ ・ ・ ・ ・ ・ ・ ・ ・
・ ・ ・ ・ ・ ・ ・ ・ ・ ・ ・ ・ ・ ・ ・

おうちのかたへ 色板や、数え棒を使って、形づくりをします。何枚の色板でできているか考えたり、
点をつないで形をつくったりすることで、図形に対する興味、関心を養いましょう。

れんしゅうのワーク

できた かず

/5もん 中

おわったら
シールを
はろう

きょうしょ ② 120〜124ページ　こたえ 35ページ

1 いろいたを つかって  の いろいたを つかって いろいろな かたちを つくりました。

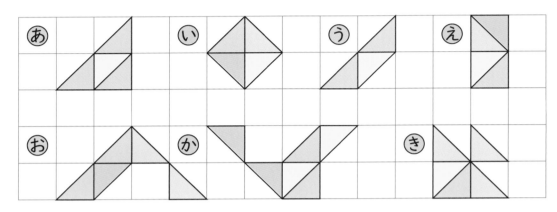

❶ 5まいで できて いるのは どの かたちですか。ぜんぶ えらびましょう。

(　　　　　)

❷ いろいたが いちばん すくないのは どの かたちですか。

(　　　　　)

❸ ⓘを 2まい うごかして できる かたちは どれですか。

(　　　　　)

2 ぼうを ならべて ぼうを ならべて したの かたちを つくります。ぼうは なんぼん つかいますか。

❶
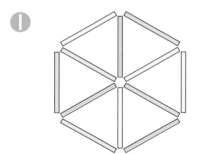

❷
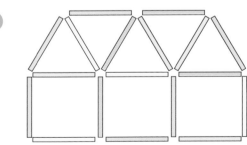

☐ ほん　　　　　　☐ ほん

できるナビ　いろいたや ぼうを つかって いろいろな かたちを つくって みよう。
どんな かたちが できるかな?

まとめのテスト

じかん **20** ぷん

とくてん

／100てん

おわったら
シールを
はろう

1 よくでる したの かたちは、⑧の いろいたが なんまいで
できますか。

1つ10〔60てん〕

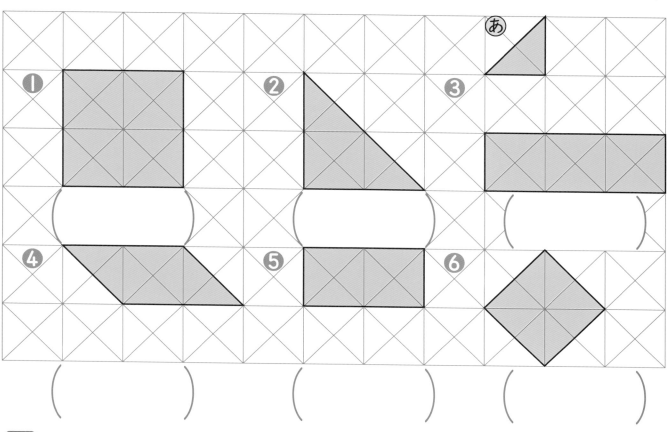

（　　　　）　　（　　　　）　　（　　　　）　　（　　　　）

2 ・と ・を せんで つないで、かたちづくりを します。
すきな かたちを 1つ つくり、なまえも
かんがえましょう。

〔40てん〕

あなたの
つくった
かたちの
なまえは？

（　　　　　　　）

□ いろいたを ならべて かたちづくりが できたかな？
□ すきな かたちを かく ことが できたかな？

109

まとめのテスト❶

じかん 20ぷん

とくてん /100てん

おわったら シールを はろう

べんきょうした 日 月 日

1 けいさんを しましょう。

1つ5〔60てん〕

① 5+7=

② 9−3=

③ 8+0=

④ 16−9=

⑤ 14+3=

⑥ 88−8=

⑦ 30+60=

⑧ 70−20=

⑨ 7+3+8=

⑩ 15−5−3=

⑪ 11+4−5=

⑫ 10−7+2=

2 ながい じゅんに かきましょう。

1つ8〔40てん〕

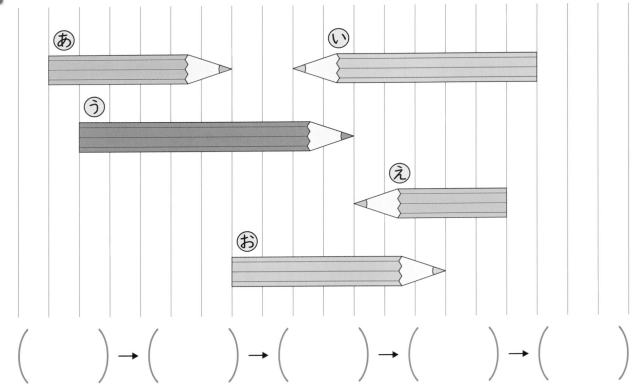

( ) → ( ) → ( ) → ( ) → ( )

チェック ✓ □ けいさんを する ことが できたかな？
□ ながさを くらべる ことが できたかな？

まとめのテスト②

きょうかしょ ② 127ページ　　こたえ 36ページ

じかん **20**ぷん

とくてん

/100てん

おわったら
シールを
はろう

1 □に かずを かきましょう。　　　　　1つ5〔40てん〕

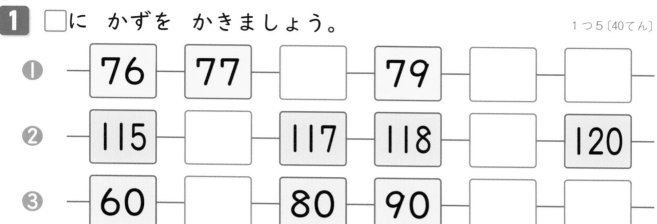

① 76　77　□　79　□　□

② 115　□　117　118　□　120

③ 60　□　80　90　□　□

2 よくでる □に かずを かきましょう。　　　　1つ5〔30てん〕

① 67は、10が □ ことと 1が □ こ

② 10が □ こで 100

③ 83の 十(じゅう)のくらいの すうじは □ 、一(いち)のくらいの

すうじは □

④ 75より 3 おおきい かずは □

3 なんじなんぷんですか。　　　　　1つ10〔30てん〕

①　　　　　　　　②　　　　　　　　③

(　　　　　)　　(　　　　　)　　(　　　　　)

□ おおきい かずを いえるように なったかな?
□ とけいを ただしく よむ ことが できたかな?

111

まとめのテスト❸

べんきょうした 日 ▶ 　月　　日

きょうかしょ ❷ 128ページ　　こたえ 37ページ

じかん 20ぷん

とくてん

/100てん

おわったら シールを はろう

1 よくでる あかい いろがみが 13まい、あおい いろがみが 6まい あります。

1つ10〔40てん〕

❶ あわせて なんまい ありますか。

しき

こたえ (　　　　　　　)

❷ ちがいは なんまいですか。

しき

こたえ (　　　　　　　)

2 プリンを 8こ かいました。ドーナツは プリンより 5こ おおく かいました。ドーナツは、なんこ かいましたか。

しき

1つ10〔20てん〕

こたえ (　　　　　　　)

3 したの かたちは、あの いろいたが なんまいで できますか。

1つ10〔40てん〕

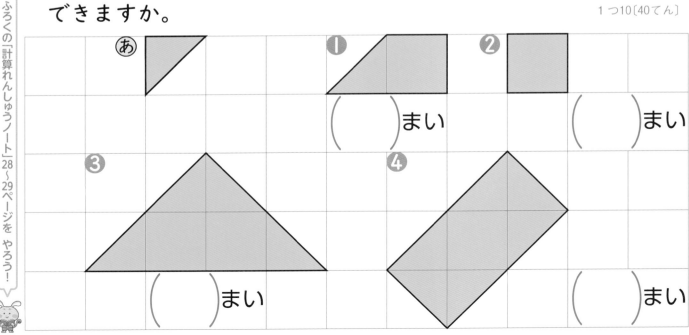

あ

❶ (　　)まい

❷ (　　)まい

❸ (　　)まい

❹ (　　)まい

チェック ☑
□ もんだいを よく よんで しきが つくれたかな?
□ いろいたの かずを かぞえる ことが できたかな?

実力はんていテスト まるごと ぶんしょうだい 文章題テスト②

●べんきょうした日　月　日

じかん 30ぷん

なまえ　　　　　とくてん
　　　　　　　　/100てん

おわったら シールを はろう

いろいろな 文章題に チャレンジしよう！　　こたえ 40ページ

1 あかい はなが 9ほん あります。きいろい はなは、あかい はなより 5ほん おおいそうです。きいろい はなは、なんぼん ありますか。

しき10・こたえ5〔15てん〕

あかい はな ●●●●●●●●●
きいろい はな ●●●●●●●●●●●●●●

しき

こたえ（　　　　　）

2 あめを 12こ かいました。ガムは、あめより 3こ すくなく かいました。ガムは なんこ かいましたか。

（　）5・しき10・こたえ5〔20てん〕

（　　　　）こ すくない

しき

こたえ（　　　　　）

3 たまごが かごに 4こ、はこに 6こ あります。ケーキを つくるのに、5こ つかうと、たまごの のこりは なんこに なりますか。

しき10・こたえ5〔15てん〕

しき

こたえ（　　　　　）

4 たまいれを しました。しろぐみは、15こ はいりました。あかぐみは、しろぐみより 7こ すくなかったそうです。あかぐみは、なんこ はいりましたか。

（　）5・しき10・こたえ5〔20てん〕

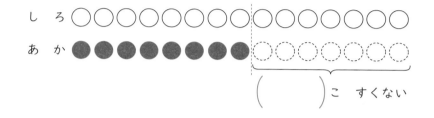
し ろ ○○○○○○○○○○○○○○○
あ か ●●●●●●●●○○○○○○○
（　　　　）こ すくない

しき

こたえ（　　　　　）

5 こどもが ならんで います。まみさんの まえに 3にん います。まみさんの うしろに 6にん います。みんなで なんにん ならんで いますか。

（　）5・しき10・こたえ10〔30てん〕

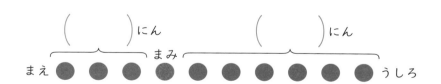
（　　　）にん　　　　（　　　）にん
まえ ●●●●●●●●●● うしろ
　　　　　　まみ

しき

こたえ（　　　　　）

●べんきょうした 日　　月　　日

まるごと
文章題テスト①

じかん 30ぷん

なまえ　　　　　とくてん

/100てん

おわったら シールを はろう

いろいろな 文章題に チャレンジしよう！

こたえ 40ページ

1 バスていに 13にん ならんで います。けんさんは、まえから 6ばんめに います。けんさんの うしろには、なんにん いますか。

（ ）5・しき5・こたえ5〔20てん〕

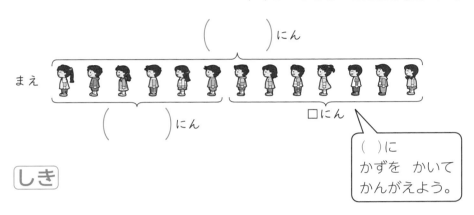

（ ）に かずを かいて かんがえよう。

しき

こたえ（　　　　　）

2 ケーキが 14こ あります。 プリンが 5こ あります。

しき10・こたえ5〔30てん〕

❶ あわせて なんこ ありますか。
しき

こたえ（　　　　　）

❷ どちらが なんこ おおいですか。
しき

こたえ（　　　　　）

3 5にんが 1ぽんずつ オレンジ ジュースを もって います。オレンジ ジュースは、あと 2ほん あります。 オレンジジュースは、ぜんぶで なんぼん ありますか。

（ ）5・しき10・こたえ5〔25てん〕

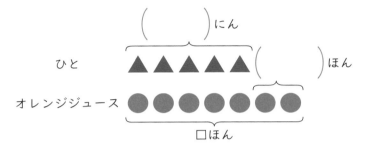

しき

こたえ（　　　　　）

4 こどもの いすが 7こ あります。 こども 10にんが いすに すわります。いすに すわれない こどもは なんにんですか。

（ ）5・しき10・こたえ5〔25てん〕

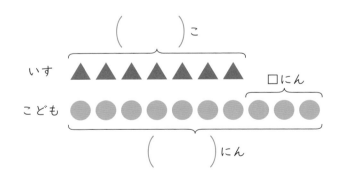

しき

こたえ（　　　　　）

●べんきょうした 日　　月　　日

実力はんていテスト

なまえ　　　　　とくてん

/100てん

おわったら シールを はろう

じかん 30ぷん

きょうしょ ❶3〜❷128ページ　こたえ 39ページ

学年末のテスト①

1 □に　かずを　かきましょう。

□1つ5〔25てん〕

❶

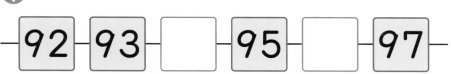

| 92 | 93 | | 95 | | 97 |

❷

| 60 | | 80 | 90 | | |

2 なんじなんぷんですか。

1つ10〔20てん〕

❶

❷

（　　　　　）　（　　　　　）

3 ひろい　ほうに　○を
つけましょう。

1つ5〔15てん〕

❶

（　　　　　）　（　　　　　）

❷

（　　　　　）　（　　　　　）

❸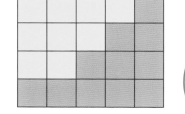

（　　　　　）　（　　　　　）

4 したの　かたちは、あの
いろいたが　なんまいで　できますか。

1つ5〔10てん〕

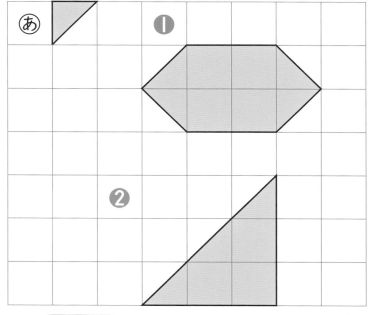

❶ □まい　　❷ □まい

5 □に　かずを　かきましょう。

1つ5〔30てん〕

❶ 74 は、□と　4を　あわせた
かず

❷ 74 は、80 より　□　ちいさい
かず

❸ 74 は、70 より　□　おおきい
かず

❹ 85 より　3　おおきい
かずは　□

❺ 68 より　2　ちいさい
かずは　□

❻ 10 を　10こ　あつめた
かずは　□

学年末のテスト②

1 けいさんを しましょう。　1つ3〔60てん〕

① 4+2　　② 8+7

③ 17−8　　④ 13−7

⑤ 9+6　　⑥ 20+5

⑦ 19−9　　⑧ 11−8

⑨ 13+3　　⑩ 30+60

⑪ 17−5　　⑫ 68−8

⑬ 8+8　　⑭ 5+6

⑮ 12−9　　⑯ 90−60

⑰ 4+2+4

⑱ 10−2+5

⑲ 2+2+2+2

⑳ 3−1−1−1

2 おとなが 7にん います。
こどもが 12にん います。

しき5・こたえ5〔20てん〕

① あわせて なんにん いますか。
しき

こたえ（　　　　　　　）

② どちらが なんにん
おおいですか。
しき

こたえ（　　　　　　　）

3 りんごが 14こ あります。
6こ たべると、のこりは なんこに
なりますか。　しき5・こたえ5〔10てん〕
しき

こたえ（　　　　　　　）

4 あかい いろがみが 30まい
あります。あおい いろがみが
40まい あります。いろがみは、
ぜんぶで なんまい ありますか。

しき5・こたえ5〔10てん〕

しき

こたえ（　　　　　　　）

実力はんてい テスト

ふゆ やす
冬休みのテスト②

じかん 30ぷん

●べんきょうした 日　　月　　日

なまえ　　　　　　　とくてん

/100てん

おわったら シールを はろう

きょうかしょ ❷32〜90ページ　こたえ 39ページ

1 たしざんを しましょう。　1つ5〔30てん〕

❶　10+6

❷　12+5

❸　14+4

❹　5+6

❺　4+8

❻　8+9

2 ひきざんを しましょう。　1つ5〔30てん〕

❶　16−6

❷　18−3

❸　19−5

❹　16−7

❺　14−8

❻　12−9

3 けいさんを しましょう。　1つ5〔20てん〕

❶　2+5+1

❷　3+7−5

❸　12−2−3

❹　10−9+4

4 めだかを 8ひき かって います。
4ひき もらいました。めだかは、
ぜんぶで なんびきに なりましたか。

しき5・こたえ5〔10てん〕

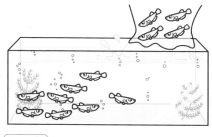

しき

こたえ（　　　　　　）

5 そうまさんは かあどを 15まい
もって います。おとうとに 7まい
あげました。かあどは、なんまい
のこって いますか。　しき5・こたえ5〔10てん〕

しき

こたえ（　　　　　　）

実力
はんてい
テスト

冬休みのテスト①

じかん
30ぷん

1 かずを すうじで かきましょう。

1つ5〔10てん〕

❶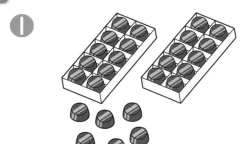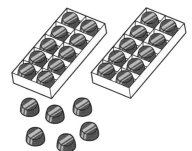

□ こ

❷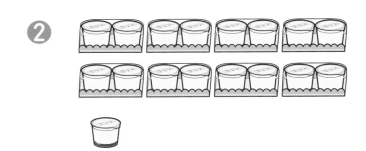

□ こ

2 とけいを よみましょう。

1つ10〔20てん〕

❶ 　　❷

（　　　　　）（　　　　　）

3 みずが おおく はいって いる
ほうに ○を つけましょう。

1つ5〔10てん〕

❶

（　　　　）　　　　　　（　　　　）

❷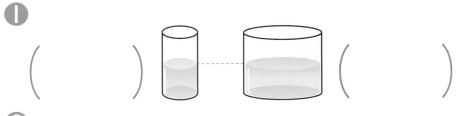

（　　　　）　　　　　　（　　　　）

4 おなじ かたちの なかまを
せんで むすびましょう。

〔10てん〕

・　　　　　・　　　　　・　　　　　・

・　　　　　・　　　　　・　　　　　・

5 □に かずを かきましょう。

□1つ5〔20てん〕

❶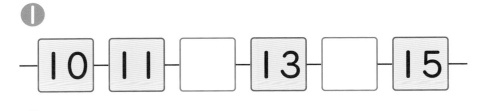

10 11 □ 13 □ 15

❷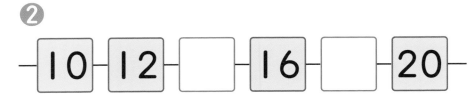

10 12 □ 16 □ 20

6 □に かずを かきましょう。

1つ5〔30てん〕

❶ 12より 3 おおきい
かずは □

❷ 15より 2 ちいさい
かずは □

❸ 10と 8で □

❹ 10が 3こで □

❺ 20と 5で □

❻ 30と 1で □

算数 1年 東書 ② オモテ

●べんきょうした 日　　月　　日

なまえ　　　　　　　とくてん

おわったら
シールを
はろう

/100てん

夏休みのテスト②

1 たしざんを しましょう。 1つ5〔30てん〕

❶ 4＋3＝□

❷ 5＋4＝□

❸ 1＋6＝□

❹ 9＋1＝□

❺ 3＋7＝□

❻ 8＋0＝□

2 ひきざんを しましょう。 1つ5〔30てん〕

❶ 7－3＝□

❷ 9－2＝□

❸ 6－5＝□

❹ 10－3＝□

❺ 8－8＝□

❻ 6－0＝□

3 ながい ほうに ○を つけましょう。 1つ5〔10てん〕

❶
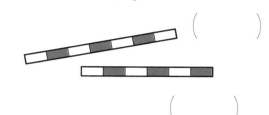
（　　）

（　　）

❷
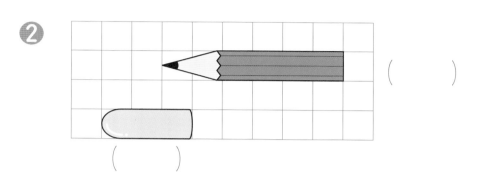
（　　）

（　　）

4 あかい はなが 3ぼん、きいろい はなが 5ほん さいて います。はなは、ぜんぶで なんぼん さいて いますか。 しき10・こたえ5〔15てん〕

しき

こたえ（　　　　　）

5 あかい おりがみが 8まい あります。みどりの おりがみが 6まい あります。あかい おりがみは、みどりの おりがみより なんまい おおいでしょうか。 しき10・こたえ5〔15てん〕

しき

こたえ（　　　　　）

●べんきょうした 日　　　月　　　日

なまえ	とくてん
	/100てん

おわったら
シールを
はろう

実力はんていテスト

夏休みのテスト①

じかん
30ぷん

---

1 えを みて、かずを かきましょう。

1つ5〔10てん〕

🍰は □ こ、🍌は □ ぽん

---

2 □に かずを かきましょう。

□1つ5〔20てん〕

❶
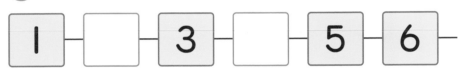
1 － □ － 3 － □ － 5 － 6

❷
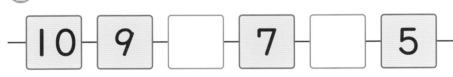
10 － 9 － □ － 7 － □ － 5

---

3 かずの おおきい ほうに ○を
つけましょう。

1つ5〔20てん〕

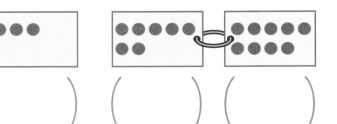
❶ （　）（　）　❷ （　）（　）

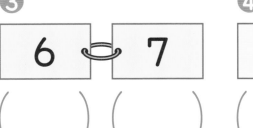
❸ 6　7　❹ 8　5
（　）（　）　（　）（　）

---

4 ◯で かこみましょう。

1つ5〔10てん〕

❶ まえから 3にん

まえ　　　　　　　　　　うしろ

❷ まえから 3にんめ

まえ　　　　　　　　　　うしろ

---

5 □に かずを かきましょう。

1つ5〔40てん〕

❶
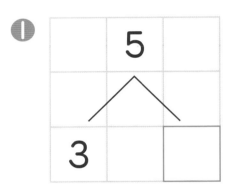
5 / 3 □

❷
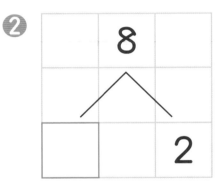
8 / □ 2

❸
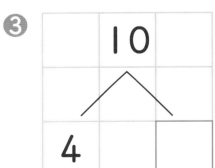
10 / 4 □

❹
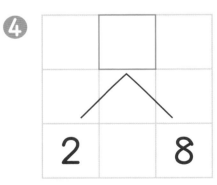
□ / 2 8

❺ 9 は 3 と □

❻ 8 は 3 と □

❼ 10 は 5 と □

❽ 10 は 6 と □

教科書ワーク

こたえとてびき

「こたえとてびき」は、とりはずすことができます。

東京書籍版

さんすう **1** ねん

つかいかた

まちがえた問題は、もういちどよく読んで、なぜまちがえたのかを考えましょう。正しい答えを知るだけでなく、なぜそうなるかを考えることが大切です。

① **なかまづくりと かず**

2・3ページ ぎほんのワーク

きほん1

てびき くまが1本ずつかさを使うことができるか、線で結んで考えます。線を引くのに手間取るお子さんがいる一方で、「くまが5ひきで、かさが6本だから、たりるよ。」と即答するお子さんもいます。1年生の最初は、学校でも線で結んで考えたり、色を塗って思考を促したりする時期です。

　すぐに答えを出そうとするお子さんには「鉛筆の絵が描いてあるのは、線で結んでね、っていう意味だと思うよ。」と解説し、線で結ぶ、色を塗るといった単純な作業にも意味があるということを実感できるとよいでしょう。

①

②

てびき お皿とケーキの1対1対応をしながら、数におきかえて考えることを身につけます。「お皿の方が多いから、ケーキをすべて乗せられるね。だから、お皿はたりているね。」と確認していくとよいでしょう。親子でいろいろな会話を楽しみましょう。

きほん2

③

（　　ねこ　　と　　　りす　　　）
（　ちょう　　と　　ちゅうりっぷ　）

4・5ページ きほんのワーク

きほん1

① えんぴつ ● ● ● ● ● いち | | |
② ● ● ● ● ● に 2 2 2
③ ● ● ● ● ● さん 3 3 3
④ ● ● ● ● ● し 4 4 4
⑤ ● ● ● ● ● ご 5 5 5

てびき |から5までの数字の数え方、書き方をしっかり押さえましょう。|年生では、4と5のバランスが取りにくいといわれます。たとえば、4のバランスが悪いことを指摘したい場合でも「2と3が上手に書けているね。」のように、まずはよいところをほめてから、4のバランスについて指摘します。声掛けのときは、否定ではなく肯定から入ることを心がけるとよいですね。

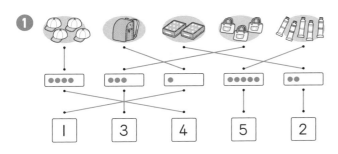

① 1　3　4　5　2

きほん2

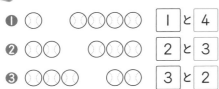

① |と4
② 2と3
③ 3と2
④ 4と|

②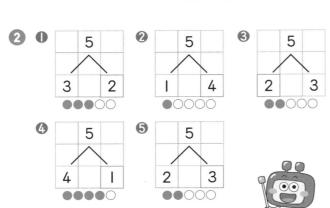

① 5 / 3 2　●●●○○
② 5 / 1 4　●○○○○
③ 5 / 2 3　●●○○○
④ 5 / 4 1　●●●●○
⑤ 5 / 2 3　●●○○○

てびき 算数では、5のまとまりや|0のまとまりを基準にして考えることが多くあります。このあと学ぶ|0のまとまりが算数の基本になりますが、5のまとまりも大切な考えです。ご家庭でも、5本パックの飲み物や5個入りのお菓子などを使って、|と4、2と3、3と2、4と|に分ける体験をしてみましょう。

● ●●●● |と4　●● ●●● 2と3
●●● ●● 3と2　●●●● ● 4と|
●●●●● 　5

具体物を移動して操作すると、5と0、0と5に分ける場面にも自然に触れることができます。0を学ぶ前からあえて教える必要はありませんが、経験の中で0にも親しんでおくと、数のセンスを磨く下地づくりになります。

6・7ページ きほんのワーク

きほん1

① ● ● ● ● ● ● ろく 6 6 6
② ● ● ● ● ● ● ● しち 7 7 7
③ ● ● ● ● ● ● ● ● はち 8 8 8
④ ● ● ● ● ● ● ● ● ● く 9 9 9
⑤ ● ● ● ● ● ● ● ● ● ● じゅう 10 10 10

①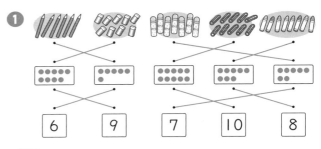

6　9　7　10　8

てびき 6~10は|~5に比べて書きにくい数字です。2画で書く7を|画で書く、9を下から書くといった書き順違いをするお子さんや、8や9の曲線部分のバランスが取りにくいお子さんも多くみられます。学校でも数字の書き方の練習をしますが、どうしても限られた時間になってしまい、数字は書けるものとして進めがちです。ご家庭でなぞり書きをくりかえし、しっかり練習しておきましょう。きれいな数字が書けると、自信とやる気につながります。

左ページ

きほん2

① [2]と[4] ●●○○○○○
② [1]と[5] ●○○○○○○
③ [3]と[3] ●●●○○○○

② ① 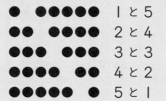 6 / 5 1 ② 6 / 3 3 ③ 6 / 4 2

> **てびき** 6はいくつといくつに分けられるか、具体物を使って考えてみましょう。
> ● ●●●●● 1と5
> ●● ●●●● 2と4
> ●●● ●●● 3と3
> ●●●● ●● 4と2
> ●●●●● ● 5と1

③ ① [4]と[3] ② [2]と[5] ③ [6]と[1]
④ 7 / 2 5 ⑤ 7 / 6 1 ⑥ 7 / 3 4

> **てびき** 7がいくつといくつになるか、サイコロを使って遊んでみてはいかがですか。
> ご存じのように、サイコロの目は立方体に1から6までの数が描かれており、向かい合う面の数を合わせると7になります。

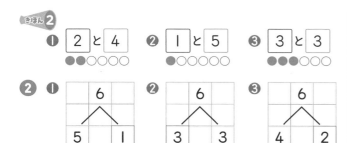

> 7という数は、サイコロの表裏のように、「1と6」「2と5」「3と4」「4と3」「5と2」「6と1」と見ることができます。
> このように、7という数を2と5を合わせた数と見るような場合を**合成**（ごうせい）といいます。
> 逆に7を2と5に分けて見るような場合を**分解**（ぶんかい）といいます。
> 合成的な見方と分解的な見方は、表裏の関係になっており、これから学ぶたし算・ひき算の基礎になります。
>
> ──（合成）──
> 7 ⇄ 2と5
> ──（分解）──

右ページ

きほん1

① [1]と[7]
② [2]と[6] ③ [3]と[5]
④ [4]と[4] ⑤ [5]と[3]
⑥ [6]と[2] ⑦ [7]と[1]

> **てびき** 8はいくつといくつに分けられるか、具体物を使って考えてみましょう。
> ● ●●●●●●● 1と7
> ●● ●●●●●● 2と6
> ●●● ●●●●● 3と5
> ●●●● ●●●● 4と4
> ●●●●● ●●● 5と3
> ●●●●●● ●● 6と2
> ●●●●●●● ● 7と1

① [1] [3] [6] [7] [8] [2] [5] [4]
　[6] [8] [2] [3] [1] [4] [5] [7]

> **てびき** 9はいくつといくつに分けられるかを考えます。数を分けて考えることが難しい場合は、○を9つ並べてかき、色を塗って数えるように促してもよいでしょう。
> ○○○○○○○○○
> ●●●○○○○○○ 3と6
> ●●●●●●○○○ 6と3

きほん2

① 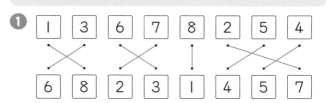 [2]
② [7]
③ [6]

> **てびき** ブロックが10個あって、見えているブロックの数から、隠れているブロックの数を答えます。
> ①は8個見えているので、2個隠れていることがわかります。
> ②は3個見えているので、7個隠れていることがわかります。
> ③は4個見えているので、6個隠れていることがわかります。

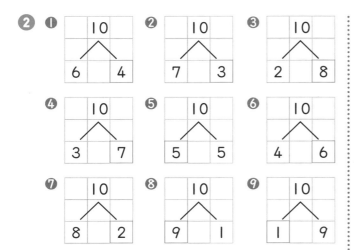

❷
① 10 / 6 4
② 10 / 7 3
③ 10 / 2 8
④ 10 / 3 7
⑤ 10 / 5 5
⑥ 10 / 4 6
⑦ 10 / 8 2
⑧ 10 / 9 1
⑨ 10 / 1 9

てびき 10の合成・分解です。これから学ぶ算数の基本となる考え方ですので、確実に身につけましょう。「1と9」「2と8」「3と7」「4と6」「5と5」の組み合わせをすぐに答えられるようにします。この考えは、1年生で学習するくり上がりのあるたし算や、くり下がりのあるひき算の考え方の基本となります。お子さんと一緒に「10づくり」ゲームをしましょう。「1」といったら「9」、「3」といったら「7」と答える数当てゲームを取り入れてみてください。

10・11 ページ きほんのワーク

きほん1 2-3-4-5-6-7 / 1-2-3-4-5-6

てびき 10までの数について、その数え方や数の構成、大小、系列などを確認します。ここでは、数字に対して、その数のイメージを持つことが大切です。
　まずは教科書にあるように、「いち、に、さん、し、ご、ろく、しち、はち、く、じゅう」のような唱え方を基本とします。4、7は「し」「しち」と発音が似ているため、混乱を避ける意味で「よん」「なな」と唱えることも多く、9は「きゅう」と唱えることもあります。

① ① ●●●●● ●●● (○)　② ●●●● ●● ( )
　 4 ( )
③ ●●●●● ●●●● (○)　④ 5 ( )
　 7 ( )　9 (○)

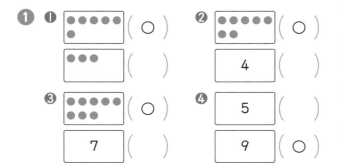

きほん2

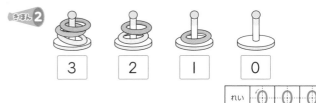

3 2 1 0

れい

てびき 入った輪の数を答えます。左から、3こ、2こ、1こ入りました。いちばん右側は「1こも入らなかった」＝「0こ入った」ことがわかります。なにもないときを「0(れい)」ということ、0の書き順は左からということも覚えておきましょう。

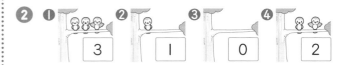

❷ ①3 ②1 ③0 ④2

てびき イラストを見て、鳥が木にとまっている場面をイメージし、言語化してみましょう。
①枝に3羽とまっています。
②2羽飛んで行って、いま1羽になりました。
③また飛んで行ったので、いま枝には1羽もいません。1羽もいない＝0羽います。
④また鳥が飛んできて、2羽枝にとまりました。

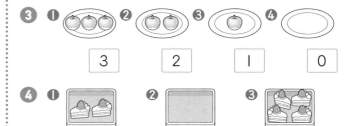

❸ ①3 ②2 ③1 ④0

❹ ①2 ②0 ③4

てびき 0という数について学びます。1年生にとって、0は理解が難しいものの1つです。そこで、❸のりんごのように、数を順に減らしていって、何もなくなった状態が0であることを把握します。1つずつ減っていって、何もない状態になった0を理解したうえで、今度は❹の問題で、それだけで見ても「空っぽ」「何もない」＝0の理解を深めます。ご家庭でも、具体物を使って、0の理解を確実にしておくとよいでしょう。たとえば、鉛筆を5本用意し「1本取ったら、4本残る」「4本から1本取ったら3本」…「1本から1本取ったら0本」のように、お子さんが声に出して説明してみることで理解が定着します。

4

12ページ れんしゅうのワーク

❶
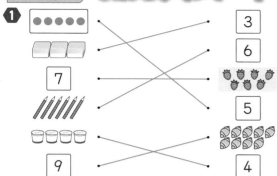

てびき ●5個と⑤、ブロック3個と③、⑦といちご7個、えんぴつ6本と⑥、プリン4個と④、⑨とパン9個をつなぎます。

❷ ❶ [1]─[2]─[3]─[4]─[5]─[6]
❷ [10]─[9]─[8]─[7]─[6]─[5]

てびき 数の並び方が理解できているかを確認します。❶は、1、2、3、4、5、6と、1ずつ増えています。❷は、10、9、8、7、6、5と、1ずつ減っています。まずは、1から10までを小さい方から順（昇順）に、また10から1までを大きい方から順（降順）に声に出して唱えてみましょう。声に出して唱えることで知識が定着します。

❸ ❶ 4 ❷ 2 ❸ 0 ❹ 1

たしかめよう！ 0と いう かずが わかりますか。かびんに はいって いる はなの かずは ❶が 4ほん、❷は 2ほん、❹は 1ぽんです。❸の かびんには 1ぽんも はいって いないから、はなの かずは「0」に なります。

てびき なお、0には、30や800のように空位（十の位や一の位などに何もないこと）を表す0もあります。空位を表すときには、無くなったわけではなく、その0には10倍や100倍の意味が込められています。
さらに、数直線（数の線）で基準を表す場合の0もあります。学年や習熟度に合わせて学びを深めていくことが大切です。

13ページ まとめのテスト

❶

（くま）1 （うさぎ）4 （ねこ）7

てびき 数を数えるときには、数え漏れや重複がないように、数えたものを✓印や×で消していくようにします。

❷ ❶ 7は 2と [5]   ❷ 8は 3と [5]
❸ 6は 4と [2]   ❹ 9は 5と [4]

てびき 問題の下に〇の図がかいてあります。理解しにくいお子さんには、「〇に色を塗って考えてごらん。」とアドバイスしてください。
❶ ●●〇〇〇〇〇
❷ ●●●〇〇〇〇〇
❸ ●●●●〇〇
❹ ●●●●●●〇〇〇〇

❸ ❶ 4 りょう
❷ 5 りょう
❸ 8 りょう

たしかめよう！ しゃりょうの かずを かぞえて、あと いくつで 10に なるかを かんがえます。
❶は、とんねるの そとに 6りょう あるから、とんねるの なかに はいって いるのは 4りょうに なります。

てびき 車両の数は全部で10両です。❷は、5両見えているので、トンネルの中に5両あることがわかります。❸は、2両見えているので、トンネルの中に8両あることがわかります。
論理的な考え方を育てるためにもぜひ言葉で説明してみましょう。1年生の段階では、言語化して思考を整理することで理解が深まります。学年が上がっていくにつれて、思考力が求められるようになります。こうした力を養うためにも、お子さんの説明をよく聞いてあげることが大切です。

② なんばんめ

14・15ページ きほんのワーク

きほん1 ❶ まえから 4にん

❷ まえから 4にんめ

❸ うしろから 5にんめ

てびき 「前から4人」と「前から4人目」の違いを理解しましょう。「4人」のような数を集合数というのに対し、「4人目」は順序数といいます。数には順序を表す働きがあることを押さえておきましょう。
❷前から4人目を「後ろから3人目」のように言い換えてみるとよいでしょう。
❸後ろから5人目は、「前から2人目」になります。

❶ ❶ まえから 3だい

❷ まえから 3だいめ

❸ うしろから 4だい

❹ うしろから 4だいめ

てびき ❷前から3台目は、「後ろから4台目」になります。
❹後ろから4台目は、「前から3台目」になります。

きほん2 ❶ 🥐は、うえから 2 ばんめです。

したから 5 ばんめです。

❷ 🍰は、うえから 4 ばんめです。

したから 3 ばんめです。

❸ 🍎は、うえから 3 ばんめです。

したから 4 ばんめです。

❷ ❶ 🍊は、みぎから 3 ばんめです。

ひだりから 4 ばんめです。

❷ 🍊は、みぎから 5 ばんめです。

ひだりから 2 ばんめです。

❸ みぎから 2 ばんめは 🍌です。

てびき 「なんばんめ」の勉強では、「前後」「左右」「上下」などの方向や位置を表すことばを正しく用いて、ものの順番や位置を数で表すことを学びます。前後、上下に比べて左右は間違えやすいので、今のうちに、しっかり覚えてしまいましょう。

こういった問題では、できるだけ多く言語化してみましょう。問題以外にも、「りんごは、左から3番目で、右から4番目」「いちごは、右から1番目で、左から6番目」などと説明してみましょう。
「バナナはどこにある?」「右から4番目の果物は何?」などと、お子さんとクイズのように問題を出し合ってみてもよいでしょう。

16ページ れんしゅうのワーク

❶ ❶ うえから 2ひきめの 🦋

❷ したから 2ひきの 🦋

❸ みぎから 5つめの 🌼

❹ ひだりから 4つの 🌼

てびき 順序数と集合数の違いがきちんと理解できているでしょうか。❶上から2匹<u>め</u>だから1つだけを○で囲みます。❷下から2匹で「め」がついていないから、下から順に1つ、2つと数えて2つを○で囲みます。
「どうしてこれを囲んだの?」とたずね、お子さんに言葉での説明を促してみてください。「〜め」がついているときと、ついていないときをそれぞれ説明することで、理解を確かなものにしましょう。

6

2

①  は、ひだりから 3 ばんめ。

②  は、まえから 2 ばんめ。

③ ✂ は、みぎから 2 ばんめ、

うしろから 4 ばんめ。

> 🪧 **てびき** 問題の図を使って、「前から3番目、右から4番目の席はどこ?」のように問題を作ってみましょう。

17ページ まとめのテスト

1 **①** けんとさんは、まえから 3 ばんめです。

② れなさんは、うしろから 5 ばんめです。

> 🪧 **てびき** 理解が進んでいるときは、前から〇人目の前には(〇−1)人いること、うしろに△人いると、うしろから(△+1)人目になること、を説明してもよいでしょう。

2 ひだり 🌸🌸🌸🌸🌸🌸🌸🌸 みぎ

3 ひだり 🌸🌸🌸🌸🌸🌸🌸🌸 みぎ

4
- **①** ぼうしは、うえから 4 ばんめです。
- **②** かさは、したから 2 ばんめです。

> ☝ **たしかめよう!**
> えを みて、べつの いいかたも してみよう。えんぴつは、うえから 1ばんめで、したから 4ばんめに なるね。のうとは、うえから 2ばんめで、したから 3ばんめに なるね。
> ぼうしは、したからだと なんばんめと いえばいいかな。かさは うえから なんばんめと いえるかな。おなじ もんだいでも たくさん かんがえられて おもしろいね。

---

③ あわせて いくつ ふえると いくつ

18・19ページ きほんのワーク

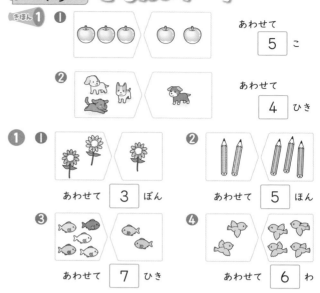

きほん1 **①** あわせて 5 こ

② あわせて 4 ひき

① **①** あわせて 3 ぼん **②** あわせて 5 ほん

③ あわせて 7 ひき **④** あわせて 6 わ

> 🪧 **てびき** 同時に存在する2つの量を合わせることを学びます。最初は絵を見て、合わせる場面をイメージすることが大切です。①は、「花が2本と1本で、あわせて3本」のように、言葉で説明してみましょう。たし算というと、すぐに式を書こうとしてしまいますが、式にする前に場面を想像することが大切です。

きほん2

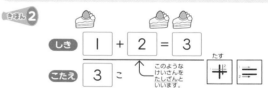

しき 1 + 2 = 3

↑このようなけいさんをたしざんといいます。

こたえ 3 こ ＋ ＝ たす

2 **①** しき 4+3=7 こたえ 7わ
② しき 4+4=8 こたえ 8ほん

3 **①** しき 2+3=5 こたえ 5ひき
② しき 1+3=4 こたえ 4ひき

> 🪧 **てびき** たし算(加法)の学習は、まず「合わせていくつ」から学びます。左の絵のように、同時に存在する2つの量を合わせた大きさを求める場合を「合併(がっぺい)」といいます。
>
> 合併では、2つの物が対等に扱われます。算数ブロックやおはじきの操作では、両手で左右からひき寄せるような操作になります。
> 問題の絵を見て、「ひよこが4わと3わ、合わせて7わになるね。」というように、声に出して説明すると、理解が進みます。

 ❶   いれると ▢3 びき

❷  ふえると ▢4 わ

❶ ❶  もらうと 4 こ

❷  ふえると 7 わ

❸  もらうと 6 こ

❹  ふえると 8 ひき

てびき　先にある物に、あとから別の物が加わる場面を考えます。絵を見て、増える場面を言葉で説明してみましょう。
❶りんごが3個あって、1個もらった。
❷木に鳥が4羽とまっていて、あとから3羽飛んで来た(増えた)。
❸風船が3個あって、3個もらった。
❹カエルが6匹いて、あとから2匹来た(増えた)。
式にする前に場面をイメージする習慣を身につけましょう。

 しき ▢4 + ▢3 = ▢7　こたえ ▢7 だい
❷ ❶ しき ▢4+5= ▢9　こたえ ▢9 ひき
❷ しき ▢7+3= ▢10　こたえ ▢10 こ
❸ ❶ 1+2= ▢3
❷ 4+1= ▢5
❸ 4+2= ▢6
❹ 5+3= ▢8
❺ 9+1= ▢10
❻ 4+4= ▢8
❼ 5+5= ▢10
❽ 3+6= ▢9
❾ 7+1= ▢8
❿ 2+8= ▢10

てびき　「増えるといくつ」もたし算で表せます。
「りんごが3個あって、あとから1個もらうと、何個になりますか。」というように、初めにある量に追加したときの大きさを求める場合を「増加」といいます。
合併では、2つの物が対等に扱われ、算数ブロックの操作では両手で左右からひき寄せたのに対し、増加では、先にある物に、別の物が加

わるような操作となります。図のように片手で一方から寄せる動きをイメージするとよいでしょう。
合併と増加を、単に「合わせて」「ぜんぶで」「増えると」という言葉で区別するのではなく、具体物の操作を通して体感すると、今後の学習に役立ちます。

22・23 ページ きほんのワーク

 ❶ 2+1= ▢3
❷ 3+ ▢0 = ▢3

❶ 0+2= ▢2
❷ ❶ 2+0　　❷ 0+0

てびき　0のたし算です。0をたしても、0にたしても、もとの数のままであることを理解しましょう。0のたし算の意味をうまくつかめないお子さんが多いので、0を想像しやすい玉入れの場面を設定しています。
❶2+0は、1回目に2個入って、2回目は1個も入らなかったことを表しています。1回目のかごには〇を2個、2回目のかごには1個もかかないことを確認します。
❷1回目のかごにも、2回目のかごにも〇をかきません。

きほん2 ❶ ねこが ▢5 ひき います。▢2 ひき きました。ぜんぶで ▢7 ひきに なりました。
❷ しき ▢5+2= ▢7
❸ (れい)えんぴつが 6ぽん あります。あとから 3ぼん もらいました。えんぴつは、ぜんぶで なんぼんに なりましたか。
❹ (れい)あかい はなが 3こと あおい はなが 2こ あります。はなは、ぜんぶで なんこ ありますか。

てびき　1年生のうちから場面をイメージすることが大切です。絵を見て、お話(問題)をつくることで、問題場面をイメージする習慣が身につきます。

れんしゅうのワーク

❶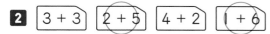

あ　い　う

| 5＋2＝7 | 3＋3＝6 | 2＋3＝5 |

❷ ❶ 2＋7　9
おもて　うら
❷ 3＋2　5
❸ 5＋1　6
❹ 5＋3　8
❺ 3＋6　9
❻ 1＋9　10

❸ 0＋8、1＋7、2＋6、3＋5、4＋4、
5＋3、6＋2、7＋1、8＋0の
どれも　せいかいです。

まとめのテスト

1 ❶ 3＋4＝7
❷ 1＋8＝9
❸ 2＋4＝6
❹ 6＋4＝10
❺ 5＋5＝10
❻ 3＋6＝9
❼ 7＋2＝9
❽ 2＋0＝2
❾ 0＋9＝9
❿ 0＋0＝0

2 ｜3＋3｜ ⟨2＋5⟩ ｜4＋2｜ ⟨1＋6⟩

3 しき 4＋3＝7　　こたえ 7 こ

4 しき 6＋3＝9　　こたえ 9 だい

てびき　1年生のうちから問題文をよく読み、式をつくる前に場面をイメージする習慣を身につけましょう。高学年になると、文章題が苦手になってしまうお子さんが多いのですが、そうしたお子さんの多くが、低学年のうちに文章をよく理解せずに式を書いているといわれます。「文章に出てきた数字を順番にたせばいい」という思い込みをしないためにも、立式を急がず、場面を想像してから式をつくるようにしましょう。すぐに式を書き、答えを出すことに執着せず、場面を正確につかむことが大切です。

④ のこりは いくつ ちがいは いくつ

きほんのワーク

きほん1 ❶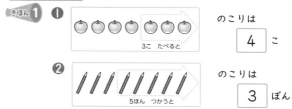
3こ　たべると
のこりは　4 こ

❷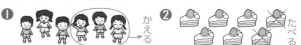
5ほん　つかうと
のこりは　3 ぼん

❶ ❶ 3にん　かえると　3 にん
❷ 2こ　たべると　5 こ
❸ 4まい　つかうと　4 まい
❹ 3わ　とんで　いくと　2 わ

☝ たしかめよう！

のこりを　かんがえる　もんだいの　ばめんを
そうぞうして　おこう。

❶ かえる　❷ たべる　❸ つかう　❹ とんでいく

もんだいを　よんだら、すぐに　こたえを
だすのではなく、どんな　おはなしを　あらわして
いるかを　かんがえると　いいよ。

きほん2 しき 5 － 1 ＝ 4 ｜－｜ ひく

このような
けいさんを
ひきざんと
いいます。

こたえ 4 だい

てびき　ひき算を習い始め、「＋」と「－」の2つを使い式に書くことがおもしろくなってくるこの時期は、立式を急ぐお子さんが急増します。「これまでは＋だったけど、今度は－だから…」と機械的にひき算にし、式をつくることに夢中になる場合もあります。この問題でも、文章に出てくる5と1の数だけを受け取って、5－1と式を書き、どんな場面の問題かを考えていないお子さんがいると思います。試しに、「どんなお話で5－1になったの？」とたずねてみてください。「駐車場の問題で、はじめ5台あって、そこから1台出て行ったら、残りは何台になるかを聞かれている」と説明できるでしょうか。1年生のこの時期は、立式を急ぐことはせず、場面を正確にイメージするように促してください。

❷ [しき] $6-2=4$　　　　　こたえ 4 ひき
❸ [しき] $8-5=3$　　　　　こたえ 3 こ

てびき ひき算は、たし算に比べてつまずきが多く見られます。「ひかれる数（−の前の数）」と「ひく数（−の後の数）」の関係を押さえましょう。27ページには、問題のそばにブロック図を示してあります。これは、計算のフォローをするという意味だけでなく、問題文の場面を、図でイメージする目的があります。こうした図がない場合でも、下のように自分で図に表して考える習慣を身につけましょう。
❷ 6−2＝4 を表すと…

❹ $5-4$　$6-3$　$7-2$　$4-1$

てびき 低学年のうちは、カード遊びをしながら数に親しむことも大切です。ご家庭でも小さな紙に式を書き、計算カードをつくって遊ぶと計算力がアップします。同じ答えになるカードを集めたり、クイズのように問題を出し合い、カード取りゲームをするなどして、遊びながら、計算になれていきましょう。

---

❷ ❶ $6-6=0$
　❷ $7-0=7$
　❸ $0-0=0$

てびき $a-a=0$、$a-0=a$、$0-0=0$ です。

きほん2 [しき] $7-3=4$　　　こたえ 4 ひき
（うさぎ）（ねこ）（ちがい）

てびき 違いを求める場合も、ひき算の式に表せることを押さえましょう。

❸ [しき] $6-4=2$　　　　　こたえ 2 こ
❹ [しき] $8-6=2$　　　　　こたえ 2 まい

てびき 違いを学ぶ時期には、「多い」「少ない」の言い方にこだわりをもつお子さんも見られます。「赤い色紙は、青い色紙より何枚多いでしょうか。」は、言いかえると「青い色紙は、赤い色紙より何枚少ないでしょうか。」になるように、見る立場によって反対のことを表すことが不思議に思えるようです。お子さんが疑問に思っていることを話し始めたら、こちらからすぐに教えようとせず、じっと聞いてあげるだけで構いません。子どもは、自分で話しながら自分で納得することが多いため、相槌を打ち、耳を傾けるだけでも学びは十分深まっていきます。

28・29ページ きほんのワーク

きほん1

1まい だすと
$4-1=$ 3

2まい だすと
$4-$ 2 $=$ 2

4まい だすと
$4-$ 4 $=$ 0

1まいも だせないと
$4-$ 0 $=$ 4
ばす…。

てびき 0のひき算の意味を理解できないお子さんが多く見られます。0をひく、ということ自体がピンとこない場合が多いので、例のようにトランプのカードを出す場面を設定しています。1枚も出せない＝0枚出す、ということを、しっかり押さえましょう。

❶ ❶ 1こ たべると　　❷ 3こ たべると　　❸ 1こも たべないと

$3-1=$ 2　　　$3-3=$ 0　　　$3-0=$ 3

30・31ページ きほんのワーク

きほん1 [しき] $8-5=3$
　　こたえ くろい いぬが 3 びき おおい。
❶ [しき] $7-4=3$
　　こたえ じてんしゃが 3 だい おおい。
❷ [しき] $10-6=4$　　　　こたえ 4 こ

きほん2 ❶ こどもが 7 にんで あそんで います。3にん かえりました。のこりは、4 にんに なりました。
　❷ [しき] $7-3=4$
❸ ❶ $3-2=$ 1
　❷ $7-5=$ 2
　❸ $4-3=$ 1
　❹ $5-4=$ 1
　❺ $9-7=$ 2
　❻ $6-0=$ 6
　❼ $2-1=$ 1
　❽ $8-3=$ 5
　❾ $10-4=$ 6
　❿ $10-7=$ 3

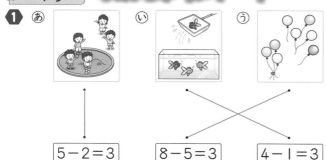

32ページ れんしゅうのワーク

❶ あ ⃝ い ⃝ う ⃝

5−2＝3 ⃝ 8−5＝3 ⃝ 4−1＝3

たしかめよう!

　なにを して いる ところか、かんがえて みよう。
あは、すなばで 5にん あそんで いて、
ふたりが かえって いく ようすを
あらわして いるね。
いは、4ひき いる きんぎょの なかから
1ぴきを すくい あげた ようすだね。
うは、ふうせんが 5つ とんで いって あとに
3こ のこって いるね。はじめに 8こ あって、
5こ とんで いったら 3こ のこったとも
いえるね。

❷ ❶ 4−2 2
おもて　うら

❷ 7−5 2

❸ 9−6 3

❹ 6−3 3

❺ 3−1 2

❻ 10−6 4

❸ 7−3＝4

33ページ まとめのテスト

1 ❶ 3−1＝2
❷ 7−4＝3
❸ 8−4＝4
❹ 9−7＝2
❺ 4−3＝1
❻ 5−4＝1
❼ 8−0＝8
❽ 10−3＝7
❾ 7−7＝0
❿ 10−8＝2

2 ⃝6−2⃝ 9−4 ⃝7−3⃝ 10−7

3 しき 8−3＝5　　　　こたえ 5こ

てびき

図に表して考え
ましょう。

4 しき 6−4＝2　　　　こたえ 2ひき

てびき

いぬ ●●●●●●

ねこ 〇〇〇〇 おおい

---

⑤ どちらが ながい

34・35ページ きほんのワーク

きほん❶ ❶ え　　　　❷ い

たしかめよう!

　ながさを くらべる ときには、はしを
そろえて、まっすぐに のばして くらべるんだね。

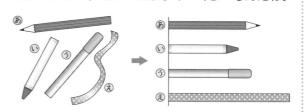

　ひだりの ように そろって いないと
みためでは よく わからないけれど、
みぎのように はしを そろえると、ひとめで
ちがいが わかるね。

❶ 　　　　　（ い ）

てびき

　いの方がテープがたるんでいることに注
目します。たるんでいるところをまっすぐにの
ばしたら、いの方が長くなることを理解できた
でしょうか。イメージがわかない場合は、テー
プや糸などを使って、たるんだものをまっすぐ
にのばすと長くなることを実際に確かめてみま
しょう。

❷ ❶ 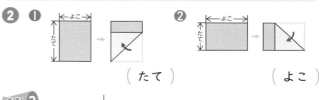　（ たて ）　　　❷ （ よこ ）

きほん❷ あ つくえの よこ
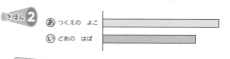
い どあの はば

（ あ ）

てびき

　長さを比べるときに、直接並べたり、重
ねたりできないときには、テープなどを使って
間接的に比べます。2年生で学習する物差しを
使った長さの測り方のもとになる考えです。「机
の幅の方がドアの幅よりも長いから、机を通
すことはできない。」「机をななめにすれば通せ
るのではないか?」などと論理的な思考につな
がっていく問題です。ドアを通すにはどうした
らよいか、お子さんと話し合ってみましょう。

3 ❶
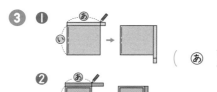
(あ)

❷

(い)

てびき 直接比較ができないときは、テープなどを使って間接的に比べます。テープを１本使って、鉛筆で印をつけていることに注意しましょう。

4
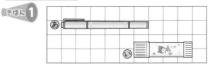
あ つくえの たかさ
い ほんだなの はば
う ほんだなの たかさ
え すいそうの はば

❶ いちばん ながいのは (い)
❷ いちばん みじかいのは (え)

---

36 ページ きほんのワーク

きほん1
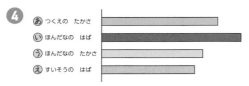
(あ)

てびき ますのいくつ分で比べます。あは６ます分、いは４ます分です。

① あ
い
(い)

てびき あは車が５つ、いは６つなので、いが長いことがわかります。あるものを基準に、いくつ分あるかで比べる方法を学習します。一定の大きさをもとに考えることのよさを知らせる問題です。

② ❶ あ 9 つぶん
い 5 つぶん
う 2 つぶん
え 3 つぶん
お 8 つぶん
❷ あ が ますの 4 つぶん ながい。

---

37 ページ まとめのテスト

1
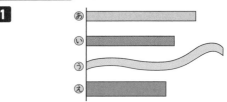
あ
い
う
え

❶ いちばん ながいのは (う)
❷ いちばん みじかいのは (え)
2 ❶ たて ❷ よこ

たしかめよう！
❶は よこの ながさを たてに おって
かさねて いるね。❷は てえぷを つかって、
よこの ながさを うつしとり、たての ながさと
くらべて いるね。
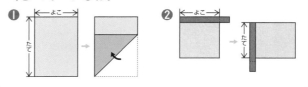
❶ ❷

3 (う → あ → い)

たしかめよう！
ますの かずで
かぞえます。あは
8つぶん、いは
7つぶん、うは
9つぶんだから、
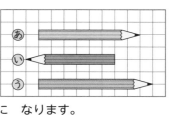
あ
い
う
う→あ→いの じゅんに なります。

たしかめよう！
ながさを くらべる
ときには、ますの
いくつぶんで
くらべる ことも
できます。
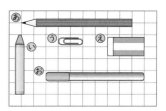
あの えんぴつは、
ますの ９つぶんに なります。えんぴつの
とがった しんの ところも かぞえましょう。
いの くれよんは たてに なっているけれど、
ますの ５つぶんと かぞえます。

てびき ここでは、ますのいくつ分かで長さを比較しています。物差しを使う学習（２年生）の前段階として、基準となるますのいくつ分かで考えます。

きほん❶

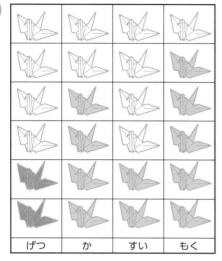

げつ	か	すい	もく

❶ ❶ もく（ようび）

❷ か（ようび）

❸ げつ（ようびと） すい（ようび）

てびき 　鶴の数を数えながら、チェック印（✓）や×をつけて、重複して数えたり、数えもれしたりしないように注意しましょう。

　一番左の月曜日に塗ってあるように、火曜、水曜、木曜にも色を塗っていきます。色を塗るときは、下から上へ順に塗っていきます。

　細かいところに色を塗るという作業は、１年生にとっては難しいものです。教科書を見てもわかるように、数があっているかどうかが一番重要で、細部をきれいに塗ることができていなくても構いません。ですが、細かい作業で集中力を高めることもねらっていますので、お子さんが根気よく色を塗っていたら、ぜひほめてあげてください。１年生のうちは筆圧が低いお子さんが多いので、筆圧を高めるために、塗り絵などをご家庭でも取り入れてください。

　理解度に応じて、次のような問題を投げかけてみるとよいでしょう。

・２番目に数の多い曜日は何曜日ですか？

・月曜日と木曜日では、どちらが何個多く折りましたか？

・月曜日と水曜日に折った折り紙の数を合わせると、何曜日と同じになりますか？

❶

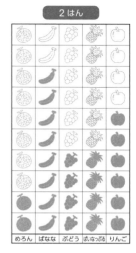

❶ ❶ １ぱん…ぱいなっぷる

　　２はん…ばなな

❷ １ぱん

❸ ２はん

てびき 　２年生で学習する表とグラフの単元につながる内容です。バラバラなものを絵グラフなどに整理してみると、数量を把握しやすくなることを確認しましょう。

❶ １班で一番多いものは「ぱいなっぷる」です。２班で一番多いものは「ばなな」です。数を数えなくても、絵グラフで表してあると、ひと目で多い少ないがわかります。グラフの利点を実感できるとよいでしょう。

　一番多いものを考えたら、次に一番少ないものも考えてみましょう。１班で一番少ないのは「めろん」、２班で一番少ないのも「めろん」です。

　２班で同じ数のものは「ぶどう」と「ぱいなっぷる」のように、気づいたことをお子さんに説明させてみてもよいでしょう。

❷ あたりの「ぶどう」に着目します。１班は７つ、２班は４つなので、数の多い１班が勝ったことがわかります。

❸ 「りんご」に着目すると、１班は５つ、２班は６つなので、数の多い２班が勝つことがわかります。

⑦ **10より おおきい かず**

40・41 ページ **きほんのワーク**

きほん1

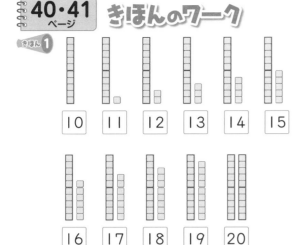

| 10 | 11 | 12 | 13 | 14 | 15 |

| 16 | 17 | 18 | 19 | 20 |

てびき　10から20までの数を学びます。「10のまとまり」と、ばらが「いくつ」とに分けて考えることで、数がひと目で数えられます。10のまとまりが2つで20になることも押さえましょう。

❶ ❶ 13　❷ 15

❸ 20

👆 **たしかめよう!**

❷ 10この　いちごを　◯で　かこんでかんがえます。10と　5で　15になります。

❸ 2、4、6、8、10と　かぞえます。10このまとまりが　2こ　あるから、20こに　なります。

きほん2 ❶ 14　4　　❷ 18　10

てびき　❶10個のブロックが見えているので、隠されているのは4個だとわかります。

❷ 見えているのは8個なので、隠されているのは10個のまとまりだとわかります。

❷ ❶ 10と　5で　15
❷ 10と　3で　13
❸ 10と　1で　11
❹ 10と　6で　16

てびき　❶「10と5で105」のようなミスがあるので、注意しましょう。

❸ ❶ 13にん
❷ 12にんめ

てびき　❶全部で13人います。
❷ ゆうとさんは、前から12人目です。問題のイラストに印をつけながら数えてもよいでしょう。

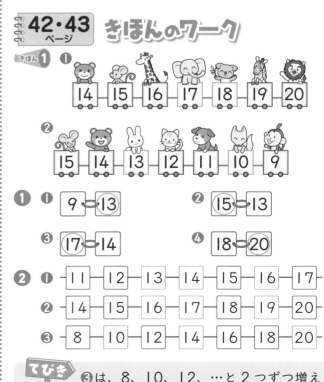

❹ ❶ 13は　10と　3
❷ 14は　10と　4
❸ 19は　10と　9
❹ 20は　10と　10
❺ 17は　10と　7
❻ 12は　10と　2

てびき　「13は1と3」のようなミスが見られます。10といくつに分けて考えられるようにしましょう。10のまとまりを正しくイメージできているかどうか見てあげてください。声に出しながら問題にとり組むと効果的です。

42・43 ページ **きほんのワーク**

きほん1 ❶

| 14 | 15 | 16 | 17 | 18 | 19 | 20 |

❷

| 15 | 14 | 13 | 12 | 11 | 10 | 9 |

❶ ❶ 9◯13　　❷ ⑮13
❸ ⑰14　　❹ 18◯20

❷ ❶ 11－12－13－14－15－16－17
❷ 14－15－16－17－18－19－20
❸ 8－10－12－14－16－18－20

てびき　❸は、8、10、12、…と2つずつ増えています。

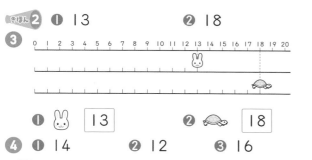

きほん2 ❶ 13　　　　❷ 18

❸
0 1 2 3 4 5 6 7 8 9 10 11 12 13 14 15 16 17 18 19 20

❶ 🐰 [13]　　　❷ 🐢 [18]

❹ ❶ 14　　❷ 12　　❸ 16

てびき　数直線（数の線）を使って考えます。

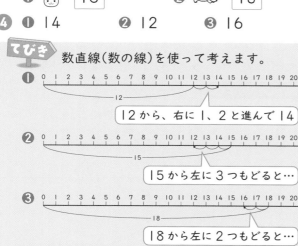

❶
0 1 2 3 4 5 6 7 8 9 10 11 12 13 14 15 16 17 18 19 20
―12―
12から、右に 1、2と進んで 14

❷
0 1 2 3 4 5 6 7 8 9 10 11 12 13 14 15 16 17 18 19 20
―15―
15から左に 3つもどると…

❸
0 1 2 3 4 5 6 7 8 9 10 11 12 13 14 15 16 17 18 19 20
―18―
18から左に 2つもどると…

直線の上に基準の点をとり、1目盛りの大きさを決めて、目盛りの上に数を記したものを数直線といいます。

数直線は左から右に行くほど数が大きくなっていきます。また、等間隔に目盛りが打たれ、連続量として捉えられることが特徴です。

数直線では、数が視覚的に把握できるというよさがあります。また、数の大小や順序、系列を理解するための補助的な役割を果たします。数直線という用語は3年生になって学びますが、数直線自体はこの「10よりおおきいかず」から登場します。1年生のうちから、数直線に親しんでおくようにしましょう。

学年が進むにしたがって、小数や分数、負の数と、いろいろな数を数直線で表していきます。

44・45 ページ　きほんのワーク

きほん1 ❶ 14は [10]と [4]です。
❷ [10]と [4]を あわせた かず
　10+4=[14]
❸ [14]から [4]を とった かず
　14-4=[10]

---

❶ ❶ 10+6=[16]　　❷ 16-6=[10]
❷ ❶ 10+5=[15]
　❷ 10+8=[18]
　❸ 10+1=[11]
　❹ 15-5=[10]
　❺ 11-1=[10]
　❻ 13-3=[10]

てびき　10+いくつ、10いくつ-いくつ=10 の計算です。2けたの数を10といくつと考えることができているかどうかを確認してください。ここでつまずくと、くり上がりのあるたし算、くり下がりのあるひき算の理解ができません。理解が難しい場合は、具体物や数直線を使ってみましょう。

きほん2 ❶ 13+2=[15]　　❷ 15-2=[13]
❸ ❶ 13+4=[17]　　❷ 16-4=[12]

てびき　算数ブロックなどを操作しながら考えるとよいでしょう。そうすることによって、20までの数の構成の理解が深まります。

❹ ❶ 11+4=[15]
　❷ 15+3=[18]
　❸ 12+6=[18]
　❹ 14+5=[19]
　❺ 18-3=[15]
　❻ 17-4=[13]
　❼ 16-2=[14]
　❽ 19-4=[15]

てびき　たし算もひき算も、10を1まとまりと考えることが基本です。10といくつになるかを意識しましょう。数直線を使って考えてもよいでしょう。

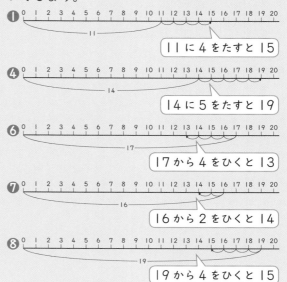

❶
0 1 2 3 4 5 6 7 8 9 10 11 12 13 14 15 16 17 18 19 20
―11―
11に 4をたすと 15

❹
0 1 2 3 4 5 6 7 8 9 10 11 12 13 14 15 16 17 18 19 20
―14―
14に 5をたすと 19

❻
0 1 2 3 4 5 6 7 8 9 10 11 12 13 14 15 16 17 18 19 20
―17―
17から 4をひくと 13

❼
0 1 2 3 4 5 6 7 8 9 10 11 12 13 14 15 16 17 18 19 20
―16―
16から 2をひくと 14

❽
0 1 2 3 4 5 6 7 8 9 10 11 12 13 14 15 16 17 18 19 20
―19―
19から 4をひくと 15

きほん1 20と5
25

① ❶ 20と3
23
❷ 20と7
27

❸ 10が3こ
30
❹ 30と4
34

てびき 20より大きい数も「10のまとまり」がいくつと「ばら」がいくつかを考えれば表せることを確認します。「10が2こで20、20と3で23」というように、声に出して言ってみましょう。

きほん2 20 と 6 → 26

② ❶ 20 と 4 → 24
❷ 30 と 7 → 37

❸ 10 が 4 こ → 40

てびき ❸10が2つで20、3つで30、4つで40になることを押さえます。ここでも、10のまとまりをもとに考えていきます。

③ にち げつ か すい もく きん ど

1	2	3	4	5	6	7
8	9	10	11	12	13	14
15	16	17	18	19	20	21
22	23	24	25	26	27	28
29	30	31				

てびき カレンダーなど、身のまわりにある数字に興味、関心を向けましょう。カレンダーでは右にいくごとに数が1つずつ増えています。下にいくと7増えます。右斜め下にいくと8増え、左斜め下にいくと6増えます。大人にとってはあたりまえのことも、1年生にとっては大発見です。カレンダーを見ていて、お子さんが数の並び方の秘密に気づいたら、大いにほめてあげましょう。

❶ ❶ 10 ― 11 ― 12 ― 13 ― 14
❷ 16 ― 17 ― 18 ― 19 ― 20
❸ 12 ― 14 ― 16 ― 18 ― 20

❷ ❶ いちばん おおきい かずは 20の かあど
❷ いちばん ちいさい かずは 11の かあど

❸ ❶ 15より 4 おおきい かずは 19
❷ 17より 3 ちいさい かずは 14

たしかめよう!

かずのせんで たしかめて おきましょう。

❶

❷

1 ❶ 14こ
❷ 12こ
❸ 15ほん

たしかめよう!

❶は、10こを ひとまとまりに して、しるしを つけると、わかりやすく なります。

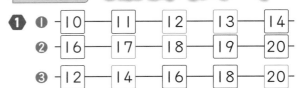

❷は2、4、6、…と 2とびで、❸は5、10、15、…と 5とびで かぞえると よいです。くふうして かぞえよう。

2 ❶ 16 ― 17 ― 18 ― 19 ― 20
❷ 15 ― 14 ― 13 ― 12 ― 11

❸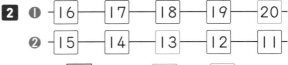
3 12 18

3 ❶ 13 15
❷ 20 14

4 ❶ 10+3= 13
❷ 14+5= 19
❸ 17−7= 10
❹ 19−4= 15

⑧ なんじ なんじはん

50・51ページ **きほんのワーク**

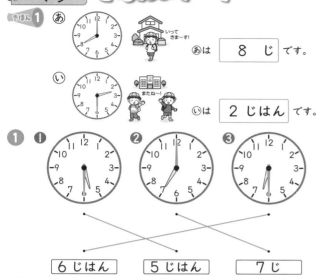

きほん1 あ あは 8 じ です。

い いは 2 じはん です。

① ❶ ❷ ❸

6じはん　5じはん　7じ

🌀 **たしかめよう！**

「なんじ」は ながい はりが 12を さします。
「なんじはん」は ながい はりが 6を さします。

てびき 短針と長針の読み間違いをしてしまう
ケースが多いので、注意しましょう。

② ❶ ❷ ❸

（ 3じ ）（ 3じはん ）（ 4じ ）

てびき 時計は日常生活でも頻繁に使われます。
時計の表し方や時計の読み方をしっかり身につ
けましょう。まずは短針が「何時」を示し、長針
が「何分」を示すことを押さえます。何時、何時
半の読み方から学びます。長針が12を指して
いるときは「何時」です。長針が6を指している
ときは「何時半」で、短針が数字と数字の間を指
しています。長針が12と1の間にある場合を
除き、小さい方の数字を「何時」と読みます。短
針と長針の読み間違いをしてしまうケースが多
いので、注意しましょう。
❶長針が12、短針が3を指しているので、3
時です。
❷短針が3と4の間にあって、長針が6を指
しているので3時半です。
　この時期から何時何分まで読めるお子さんも
多く見られる一方で、まったく時計を読み取れ

ないお子さんも多いものです。お子さんの興味
にあわせて、何時何分まで読めるようにしても
よいでしょう。

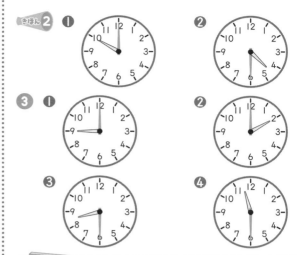

きほん2 ❶ ❷

③ ❶ ❷

❸ ❹

てびき 「何時」のときには長針が12を指すこ
と、「何時半」のときには長針が6を指すことを
理解できているか確かめてください。置き時計
などを使い、実際に針を動かし、時刻を合わせ
てみると、理解が進みます。「何時半」のときに
は短針が数字と数字の間を指していることも確
認しておきましょう。

④ い

てびき 「何時半」の時計を読むときは、「何時」を
読み間違えることがよくあります。
　たとえばこのいでは、短
針が1と2の間にあるから
「1時半」なのか「2時半」な
のか迷うケースが多くあり
ます。

　単純に「小さい方の数字を読むんだよ。」と伝
えてもよいのですが、時計の動き方を確認しな
がら、「短い針は1を通りすぎて、まだ2になっ
ていないね。だからまだ2時じゃなくて、1時
なんだよ。」というように、理由をつけて伝える
とより理解しやすいでしょう。

52ページ れんしゅうのワーク

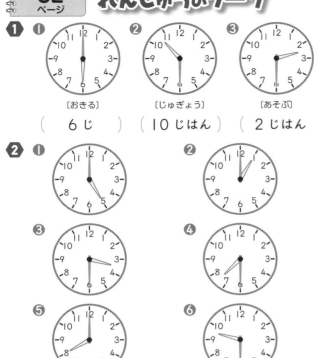

❶ ①〔おきる〕(6じ) ②〔じゅぎょう〕(10じはん) ③〔あそぶ〕(2じはん)

❷ ① ② ③ ④ ⑤ ⑥

☞ たしかめよう!

　とけいの　はりの　うごきかたを　よく
みて　みよう。ながい　はりが　12の　ときと、
6の　ときを　かいて　みましょう。

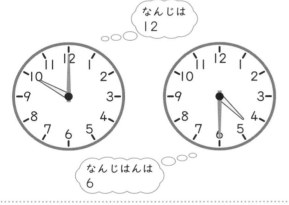

なんじは
12

なんじはんは
6

てびき
　時計の針をかくというのは、1年生に
とっては高度な学習です。「何時」であれば長針
が12を指していれば正解、「何時半」であれば
6を指していれば正解とします。少しずれてい
ても、12と6を指しているという意識があれ
ば正解としてよいでしょう。
　❺❻は、長針だけでなく短針もかきます。❺
の8時は表せても、❻の9時半はなかなか難
しいでしょう。表せない場合は、おうちの方と
一緒にかきましょう。その際、「短い針はどこ
にかけばいいのかな?」と問いかけ、「9時半だ
から9と10の間」という言葉を引き出してく
ださい。

53ページ まとめのテスト

❶ ①(4じはん) ②(9じ) ③(11じ) ④(6じはん)

てびき
　時計の横にイラストをつけてあります。
2年生で学習する午前・午後につなげたり、時
刻や時間の正しい感覚を身につけたりするため
にも、イラストを見て、何をしているところか
な、外で遊んでいるのが4時半だな(❶)、夜の
9時にはベッドに入って寝る頃だな(❷)という
ように、場面をイメージすることが大切です。

❷ ① ②

てびき
　52ページの「れんしゅうのワーク」を
やっておけばできる問題です。テストの場合は
大人が手伝うことはさけ、自分の力で取り組む
習慣を身につけましょう。

❸ ⓐ

☞ たしかめよう!
　ⓘは　8じはんの　とけいです。

てびき
　こちらも52ページを学習しておけばで
きる問題を出題しています。時計の単元は、学
校での学習時間も少ないため、家庭でのフォ
ローが大切です。朝起きたら時計を見る、出か
けるときには時計をチェックするなど、毎日の
生活の中で時計を見る機会を増やしましょう。

18

⑨ 3つの かずの けいさん

きほんのワーク

きほん1

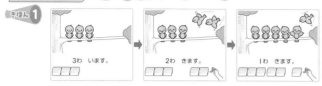

3わ います。　2わ きます。　1わ きます。

しき 3+2+1=6　　こたえ 6わ

❶

2ひき います。　1ぴき きます。　4ひき きます。

しき 2+1+4=7　　こたえ 7ひき

❷
- ❶ 3+4+1=8
- ❷ 4+2+1=7
- ❸ 9+1+2=12
- ❹ 4+6+3=13

てびき ❶ 3+4の答えの7に1をたして8と
考えます。3つの数の計算も、前から順に計算
すればよいことを押さえましょう。
- ❷ 4+2=6　6+1=7
- ❸ 9+1=10　10+2=12 ⎫と考えます。
- ❹ 4+6=10　10+3=13 ⎭

きほん2

7ひき のって います。　2ひき おりました。　1ぴき おりました。

しき 7-2-1=4　　こたえ 4ひき

❸

8わ います。　3わ とんで いきました。　2わ とんで いきました。

しき 8-3-2=3　　こたえ 3わ

❹
- ❶ 7-3-1=3
- ❷ 9-2-3=4
- ❸ 13-3-4=6
- ❹ 17-7-6=4

てびき ❶ 7-3の答えから1をひきます。
7-3=4、4-1=3と考えればよいことを確
かめましょう。
- ❷ 9-2=7、7-3=4
- ❸ 13-3=10、10-4=6 ⎫と考えます。
- ❹ 17-7=10、10-6=4 ⎭
計算の手順を声に出して説明してみましょう。

きほんのワーク

きほん1

4ひき のって います。　2ひき おりました。　3びき のります。

しき 4-2+3=5　　こたえ 5ひき

てびき たし算とひき算が混じった計算も、前か
ら順に計算すればよいことを確認します。理解
の難しいお子さんには、算数ブロックなどの具
体物を使ってみましょう。

❶

10こ あります。　8こ あげました。　4こ もらいます。

しき 10-8+4=6　　こたえ 6こ

てびき 10こあったりんごのうち、8こをあげ
ると残りは2こ。あとから4こもらったから、
2+4で6こになります。

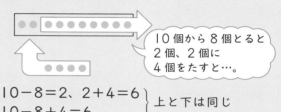

10個から8個とると
2個、2個に
4個をたすと…。

10-8=2、2+4=6 ⎫上と下は同じ
10-8+4=6 ⎭

❷
- ❶ 5-1+2=6
- ❷ 7-6+5=6
- ❸ 10-9+4=5
- ❹ 10-4+3=9

てびき ❶

5-1=4
4+2=6と
考えます。

- ❷ 7-6=1、1+5=6 ⎫上と下は同じ
  7-6+5=6 ⎭
- ❸ 10-9=1、1+4=5 ⎫上と下は同じ
  10-9+4=5 ⎭
- ❹ 10-4=6、6+3=9 ⎫上と下は同じ
  10-4+3=9 ⎭

5わ います。　　4わ きます。　　2わ かえりました。

[しき] 5＋4－2＝7　　　　　こたえ 7わ

てびき 初め 5 羽いて、あとから 4 羽来ました。
そのあと 2 羽帰ったから、5＋4 の答えから
2 をひきます。

> 5 羽いて、
> 4 羽来て
> 2 羽帰った
> から…。

●●●●● ⇦ ●●● ●●●

5＋4＝9、9－2＝7
5＋4－2＝7 ┃ 上と下は同じ

❸

 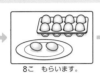 

2こ あります。　　8こ もらいます。　　3こ つかいました。

[しき] 2＋8－3＝7　　　　　こたえ 7こ

てびき 場面をよくつかんでから式にします。

●● ⇦ ●●●●●● ●●●

> 2 個あって、
> 8 個もらって
> 3 個使った
> から…。

2＋8＝10、10－3＝7
2＋8－3＝7 ┃ 上と下は同じ

❹ ● 6＋2－1＝7
　 ❷ 3＋7－4＝6
　 ❸ 1＋1＋1＋1＝4
　 ❹ 6－2－2－2＝0

てびき ● 6＋2＝8、8－1＝7 と考えます。
　 ❷ 3＋7＝10、10－4＝6 ┃ 上と下は同じ
　　 3＋7－4＝6
　 ❸ 1＋1＝2、2＋1＝3、3＋1＝4
　　 順番にたしていきます。
　 ❹ 6－2＝4、4－2＝2、2－2＝0
　　 答えは 0 になります。

❶
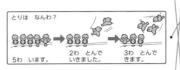

りんごは いくつ？
5こ あります。→ 2こ もらいます。→ 3こ あげました。

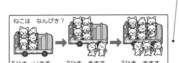

とりは なんわ？
5わ います。→ 2わ とんで いきました。→ 3わ とんで きます。

ねこは なんびき？
5ひき います。→ 2ひき きます。→ 3ひき きます。

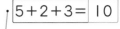 ・5＋2＋3＝10

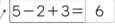 ・5－2＋3＝6

 ・5＋3＋1＝9

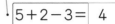 ・5＋2－3＝4

てびき 場面をよくつかんでから式を考えます。
・りんごは、初め 5 個あって、2 個もらって、
そのあと 3 個あげているから、
5＋2－3＝4(個)残っています。
・鳥は、初め 5 羽いて、2 羽飛んでいき、あと
から 3 羽やってきたから、
5－2＋3＝6(羽)になります。
・猫は、初め 5 匹いて、2 匹来て、また 3 匹
来たから、
5＋2＋3＝10(匹)になります。

❷ ● 4＋5＋1＝10
　 ❷ 6＋4＋5＝15
　 ❸ 8－2－3＝3
　 ❹ 19－9－4＝6
　 ❺ 6－2＋3＝7
　 ❻ 10－6＋2＝6
　 ❼ 4＋5－7＝2
　 ❽ 8－2－2－2＝2

てびき たし算やひき算の混じった計算は＋や－
に気をつけることが大切です。計算は必ず前か
ら順に行います。声に出して計算すると、間違
えにくくなります。

1 [しき] 3＋1－2＝2　　　　こたえ 2ひき
2 [しき] 10－2－3＝5　　　こたえ 5こ
3 ● 3＋2＋4＝9
　 ❷ 8＋2＋7＝17
　 ❸ 9－3－2＝4
　 ❹ 16－6－3＝7
　 ❺ 10－7＋5＝8
　 ❻ 1＋9－6＝4

60・61 ページ きほんのワーク

きほん①

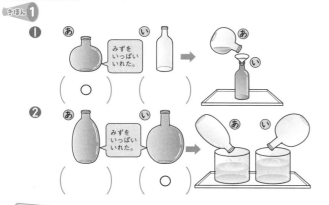

① (○) ( )

② ( ) (○)

てびき ① あの水をいに入れたら、入りきらずにのこったので、あの方が多く入ります。
② あ、いを同じ大きさの入れ物に移しかえたら、いの方が水の高さが高くなったので、いの方が多く入ることがわかります。

❶ ① あ の みずを いに いれます。

おおいのは (い) (あ)

てびき ① あの水をいに入れても、まだいに余裕があるので、いの方が多く入ります。
② 同じ大きさの入れ物に移しかえたら、あの方が水の高さが高くなっているから、あの方が多く入ることがわかります。
上のような説明を、お子さんがしてみることで、理解が確かになります。

❷

いちばん おおいのは あ

てびき 入れ物の底の大きさ（底面積）が異なっていて、水の高さは同じなので、底がいちばん大きなあの入れ物に多く入っていることがわかります。

きほん②

あは 🥛で 5 はい いは 🥛で 9 はい

▶ い の ほうが、 4 はいぶん おおく はいる。

てびき コップに水を移しかえて、かさを比べます。このように身近なものを用いて、そのいくつ分で比べる方法を任意単位による比較といいます。量の感覚を持てないお子さんが増えているといわれています。ぜひ、お風呂場などで、水のかさをはかる遊びを取り入れてください。コップいくつ分、ペットボトル何本分というように、水をはかる体験をしてみましょう。2年生の「かさ」の学習にもつながります。

❸

① あ 5 はい い 7 はい う 9 はい
② う
③ 2 はい

62 ページ れんしゅうのワーク

❶ ① い
   ② い

☞ たしかめよう！

おなじ おおきさの
いれものに うつしかえて、
くらべて いるね。
いの ほうが、みずの
たかさが たかいから、
おおいと わかるよ。

てびき ① 同じ大きさの入れ物にうつしかえたら、いの方が水の高さが高くなっているから、いの方が多く入ることがわかります。
② いにはまだ入るので、あよりもいの方が多く入ることがわかります。

2
❶ ㋑
❷ ㋑

たしかめよう!

❶は、いれものの おおきさが おなじで、みずの たかさが ちがいます。だから、㋑の ほうが みずが たくさん はいって いる ことが わかります。
❷は、いれものの おおきさが ちがって、みずの たかさが おなじです。だから、㋑の ほうが みずが たくさん はいって いる ことが わかります。

てびき ❶は同じ大きさの入れ物で、水の高さが違います。❷は水の高さが同じで、入れ物の大きさが違います。それぞれの違いを理解し、正しく説明できるかどうか、確かめてください。

3 (㋐ → ㋒ → ㋑)

たしかめよう!
㋐は こっぷ 9はいぶん、㋑は 6ぱいぶん、㋒は 8はいぶん はいります。

㋐

㋑

㋒

63 ページ まとめのテスト

1 (㋑ → ㋒ → ㋐)

たしかめよう!
㋐ 　㋑ 　㋒

いれものの おおきさが おなじだから、みずの たかさの たかい じゅんに こたえます。

2 ❶ ●なべ 5はい ●すいとう 4はい
　●ぽっと 7はい
❷ ぽっと
❸ なべ

⑪ たしざん

64・65 ページ きほんのワーク

きほん1 ❶ 9は あと 1 で 10。 9+3＝12
❷ 3を 1と 2 に わける。
❸ 9に 1を たすと 10。
❹ 10と 2で 12。

てびき くり上がりのあるたし算の計算のしかたは、しっかり身につけましょう。最初は9＋(1けた)の形を学習します。9はあと1で10になることをもとに考えましょう。きほん❶のように図を使って考えると理解が進みます。

1 ❶ 9＋5＝ 14　・9に 1を たすと10。
　　　　　　　　10と 4で 14。
❷ 9＋7＝ 16　・9に 1を たすと10。
　　　　　　　　10と 6で 16。

てびき 9＋(1けた)では、たす数(＋の後の数)を「1といくつ」に分けて計算します。下の図のように9に1をたして10のまとまりをイメージすると理解が進みます。

 ←あと1で10

きほん2 ❶ 8＋5＝13・8に 2を たすと10。
　　　　　　　　10と 3で 13。
❷ 8＋7＝15　・8に 2を たすと10。
　　　　　　　　10と 5で 15。

2 ❶ 9＋4＝ 13
❷ 8＋6＝ 14

❸ 8+4= [12]

❹ 9+8= [17]

てびき ２つの数 ⑧と⑪のたし算「⑧＋⑪」で、前の数⑧のことを**被加数**といい、うしろの数⑪のことを**加数**といいます。8＋5の計算を、

8＋5 　　　5を2と3に分解します。
　②　③　　8に2をたすと10、
　　　　　　10と3で13

のように計算する方法を**加数分解**といいます。加数を分解して、10のまとまりをつくる方法は、１年生にも理解しやすいといわれます。そこで教科書でも学校の授業でも加数分解から教えることがほとんどです。

　最初は被加数が9の場合を学び、次に被加数が8の場合を考えます。8はあと2で10ですから、加数を「2といくつ」に分けて計算します。理解のしにくいお子さんには、下のように、10の入れ物をイメージして、図に示すとよいでしょう。

〔8＋5の図〕

□□□□□□□□□□ ←あと2で10
●●●●●

❸ ❶ 9+6= [15]
❷ 8+3= [11]
❸ 9+2= [11]
❹ 8+9= [17]
❺ 8+8= [16]
❻ 9+9= [18]

てびき 計算のしかたを声に出して説明してみると理解が進みます。

❶ 9+6=15　　　❷ 8+3=11
　10 1 5　　　　　10 2 1

❸ 9+2=11　　　❹ 8+9=17
　10 1 1　　　　　10 2 7

❺ 8+8=16　　　❻ 9+9=18
　10 2 6　　　　　10 1 8

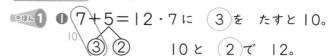

きほん1 ❶ 7+5=12 ・7に ③ を たすと 10。
　　　　　　　　　　 10と ② で 12。

❷ 6+6=12 ・6に ④ を たすと 10。
　　　　　　　　　　 10と ② で 12。

てびき 考え方は、被加数が9や8のときと同じです。7はあと3で10、6はあと4で10であることをもとに考えましょう。

❶ ❶ 7+4= [11]
❷ 6+7= [13]
❸ 6+9= [15]
❹ 6+5= [11]
❺ 7+7= [14]
❻ 7+6= [13]
❼ 7+9= [16]
❽ 6+8= [14]
❾ 7+8= [15]

てびき １年生のくり上がりのあるたし算で、つまずきやすいのは、「6＋いくつ」「7＋いくつ」の計算といわれています。何度も声に出しながら計算練習をしましょう。お子さんによっては、「6＋いくつ」「7＋いくつ」以外にも苦手な計算がある場合がありますから、チェックしてみてください。ご家庭でもゲーム感覚で問題を出し合い、計算に強くなりましょう。お子さんの苦手を知った上で、出題してください。

ミスの出やすい計算	
6+5	7+4
6+6	7+5
6+7	7+6
6+8	7+7
6+9	7+8
	7+9

きほん2 ❶ 4を 10に する。
　　　4に [6] を たすと 10。
　　　10と [3] で [13]。

❷ 9を 10に する。
　　　9に [1] を たすと 10。
　　　[3] と 10で [13]。

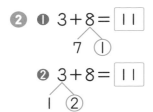 ４＋９を２つのやり方で計算してみます。今までは９を６と３に分けましたが、４を３と１に分けるやり方もあります。詳しくは❸の「てびき」で解説します。

❷ ❶ 3＋8＝|11|
 ⏜
 7 ①

❷ 3＋8＝|11|
 ⏜
 1 ②

❸ ❶ 3＋9＝|12|
 ❷ 5＋9＝|14|
 ❸ 4＋8＝|12|
 ❹ 5＋8＝|13|
 ❺ 4＋7＝|11|
 ❻ 8＋8＝|16|
 ❼ 9＋2＝|11|
 ❽ 8＋3＝|11|
 ❾ 9＋9＝|18|

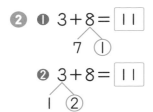 これまでは、たす数を２つに分けて10をつくる方法（加数分解）を学んできました。ここでは、たされる数を２つに分けて10をつくる方法（被加数分解）を学びます。

　一般的に、＋の前の数（被加数）が小さくくり上がりのある計算の場面は、被加数分解の方が計算しやすいといわれますが、お子さんによっては、加数分解だけを使って計算する場合も多いようです。計算のしかたはどちらでも構いません。お子さんの計算しやすい方法で大丈夫です。

　加数分解、被加数分解の他にも、加数・被加数とも５といくつに分解して、その５どうしで10をつくる方法もあります。

　また、素朴な方法として、たとえば７＋４を、８、９、10、11と数えたしによって求める方法もあります。

　初めは、どの方法でも構いません。何度もくり返すうちに、慣れてきて、状況に応じて使い分けができるようになります。

24

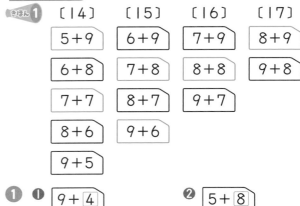

68 ページ **きほんのワーク**

きほん❶ 〔14〕 〔15〕 〔16〕 〔17〕
 5＋9 6＋9 7＋9 8＋9
 6＋8 7＋8 8＋8 9＋8
 7＋7 8＋7 9＋7
 8＋6 9＋6
 9＋5

❶ ❶ 9＋|4| ❷ 5＋|8|
 ❸ |7|＋6 ❹ |6|＋7

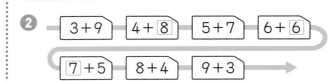 たし算のカードを使って、答えが同じになる式を見つけます。ご家庭でも、たし算のカードをつくって遊んでみてください。

❷ 3＋9 4＋|8| 5＋7 6＋|6|
 |7|＋5 8＋4 9＋3

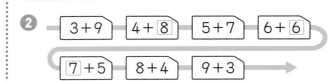 カードで遊んでいるうちに、たす数とたされる数（＋の後と前の数）を入れかえても、答えが同じになることに気づけるとよいでしょう。

69 ページ **れんしゅうのワーク❶**

❶ ❶ ４を |3|と|1|に わける。
 ７に |3|を たすと 10。
 10と |1|で |11|。
 ❷ ５を |1|と|4|に わける。
 ９に |1|を たすと 10。
 10と |4|で |14|。

❷ ❶ 5＋|6| ❷ |3|＋8
 ❸ 7＋|4| ❹ 2＋|9|

❸ 〔れい〕
 めだかが、すいそうに ８ひき、
 きんぎょばちに ６ぴき います。
 めだかは、あわせて なんびき いますか。

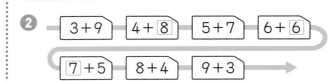 式を見て、いろいろなお話をつくってみましょう。

れんしゅうのワーク❷

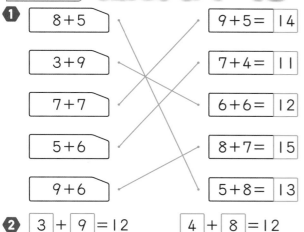

❶
8+5	9+5= 14
3+9	7+4= 11
7+7	6+6= 12
5+6	8+7= 15
9+6	5+8= 13

❷ れい

3 + 9 =12　　　4 + 8 =12

5 + 7 =12　　　6 + 6 =12

7 + 5 =12

てびき 例のほか、8+4、9+3などもあります。答えが12になるたし算が5つできたら、答えが11、13、14になるたし算もつくってみましょう。数字カードを使って、遊びながら式をつくってみましょう。

まとめのテスト

1
❶ 2+9= 11

❷ 7+8= 15

❸ 6+5= 11

❹ 9+7= 16

❺ 6+9= 15

❻ 3+8= 11

❼ 5+9= 14

❽ 5+8= 13

❾ 4+7= 11

❿ 8+9= 17

⓫ 9+4= 13

⓬ 7+6= 13

2 しき 4+8=12　　　こたえ（12とう）

3 しき 7+4=11　　　こたえ（11ぴき）

てびき くり上がりのあるたし算と、この後に出てくるくり下がりのあるひき算は、1年生の算数の中で、最もつまずきやすい分野ですので、しっかり学習しておきましょう。くり返し計算練習をして、計算に強くなりましょう。

⑫ **かたちあそび**

きほんのワーク

きほん**1**

（　）（　）（○）

❶
（□）（○）（○）（○）（□）

（□）（□）（○）（□）（○）

てびき 2年生の箱の形につながる学習です。身のまわりにある、いろいろな入れ物の形に興味・関心を持ちましょう。ティッシュペーパーの空き箱など、家の中にある物を観察してみることも、興味・関心を引き出すことに役立ちます。

きほん**2**

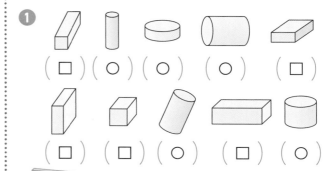

❷ ⓐ　ⓘ　ⓤ　ⓔ

□ △ □ ○

○　　○

❸ ⓐ　ⓘ　ⓤ　ⓔ　ⓞ

○ □ △ □ △

□ □ ○ ○

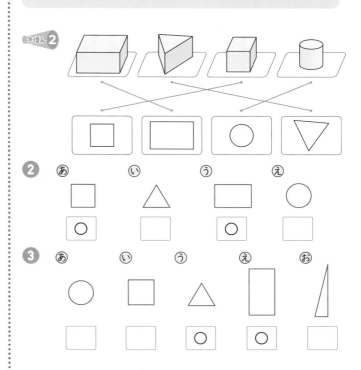

25

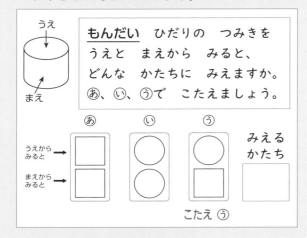

てびき 丸、三角、四角の特徴を知り、それらを使って、いろいろな絵をかきます。低学年の頃には、筆圧を高める意味からも、絵をかくことをおすすめします。手を動かしながら考える習慣を身につけたいものです。

また、積み木１つとっても、見る角度によって見える形が異なります。たとえば円柱ならば、上から見ると円に見えますが、横から見ると長方形（もしくは正方形）に見えます。お子さんの理解度に応じて、下のように少し発展的な問いかけをしてもよいでしょう。

もんだい ひだりの つみきを うえと まえから みると、どんな かたちに みえますか。
あ、い、うで こたえましょう。

こたえ う

74ページ れんしゅうのワーク

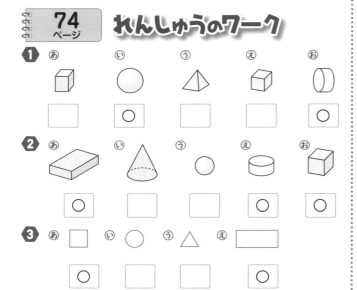

❶ あ ☐　い ◯　う ☐　え ☐　お ◯

❷ あ ◯　い ☐　う ◯　え ☐　お ☐

❸ あ ☐　い ◯　う △　え ☐

75ページ まとめのテスト

1 ☐の なかま あ、え、き
　　 ◯の なかま い、う、く
　　 ◯の なかま お、か、け

2 ❶ う
　　 ❷ い

3 8（つ）

---

⑬ ひきざん

76・77ページ きほんのワーク

きほん1 ❶ 4から 9は ひけない。
❷ 14を 10と 4に わける。
❸ 10から 9を ひくと [1]。
❹ 1と 4で [5]。

14－9＝[5]
10 4

❶ ❶ 12－9＝[3]　・12を 10と (2)にわける。
10 2　　　　・10から9をひくと(1)。
　　　　　　　・1と (2)で 3。

❷ 15－9＝[6]　・15を 10と (5)にわける。
10 5　　　　・10から9をひくと(1)。
　　　　　　　・1と (5)で 6。

てびき くり下がりのあるひき算の学習が始まります。まず、（10いくつ）－9の計算のしかたを考えます。14－9の計算は次のように考えましょう。
・14を 10と 4にわける。
・10から 9をひくと1。（10－9＝1）
・1と 4で5（1＋4＝5）
ひいてからたすので、**減加法（げんかほう）**といいます。くり下がりのあるひき算は、この減加法から学びます。くり上がりのあるたし算が10をひとまとまりと考えたのと同様に、くり下がりのあるひき算では、ひかれる数を 10といくつかに分け、10のまとまりからひいて、その答えと残りの数をたします。

きほん2 13－8＝5　・3から 8は ひけない。
10 3　　　・13を 10と [3]に わける。
　　　　　　・10から 8を ひくと [2]。
　　　　　　・2と 3で [5]。

❷ ❶ 13－9＝[4]
10 3

❷ 12－8＝[4]
10 2

❸ 14－8＝ 6
　　⌢
　⑩ ④

❹ 16－9＝ 7
　　⌢
　⑩ ⑥

❸ ❶ 16－8＝8
　❷ 11－9＝2
　❸ 17－9＝8
　❹ 15－8＝7
　❺ 18－9＝9
　❻ 17－8＝9

てびき　計算のしかたを説明してみましょう。説明することで理解が深まります。

❶ 16－8＝8　　　10から8をひくと2。
　⌢
　10 6　　　　2と6で8。

❷ 11－9＝2　　　10から9をひくと1。
　⌢
　10 1　　　　1と1で2。

❸ 17－9＝8　　　10から9をひくと1。
　⌢
　10 7　　　　1と7で8。

❹ 15－8＝7　　　10から8をひくと2。
　⌢
　10 5　　　　2と5で7。

❺ 18－9＝9　　　10から9をひくと1。
　⌢
　10 8　　　　1と8で9。

❻ 17－8＝9　　　10から8をひくと2。
　⌢
　10 7　　　　2と7で9。

78・79ページ きほんのワーク

きほん① ❶ 14－7＝7　・⑩から 7を ひくと 3。
　　　　　⌢
　　　　⑩ ④　　　 3と ④で 7。

❷ 11－6＝5　・⑩から 6を ひくと 4。
　⌢
　⑩ ①　　　　4と ①で 5。

❸ 12－5＝7　・⑩から 5を ひくと 5。
　⌢
　⑩ ②　　　　5と ②で 7。

❶ ❶ 15－7＝8
　❷ 13－6＝7
　❸ 11－5＝6
　❹ 12－6＝6
　❺ 14－5＝9
　❻ 12－7＝5
　❼ 16－7＝9
　❽ 14－6＝8
　❾ 13－7＝6

てびき　❶ 15－7＝8　　10から 7を ひくと 3。
　　　　　⌢
　　　　10 5　　　　3と 5で 8。

❷ 13－6＝7　　10から 6を ひくと 4。
　⌢
　10 3　　　　4と 3で 7。

❸ 11－5＝6　　10から 5を ひくと 5。
　⌢
　10 1　　　　5と 1で 6。

❹ 12－6＝6　　10から 6を ひくと 4。
　⌢
　10 2　　　　4と 2で 6。

❺ 14－5＝9　　10から 5を ひくと 5。
　⌢
　10 4　　　　5と 4で 9。

❻ 12－7＝5　　10から 7を ひくと 3。
　⌢
　10 2　　　　3と 2で 5。

❼ 16－7＝9　　10から 7を ひくと 3。
　⌢
　10 6　　　　3と 6で 9。

❽ 14－6＝8　　10から 6を ひくと 4。
　⌢
　10 4　　　　4と 4で 8。

❾ 13－7＝6　　10から 7を ひくと 3。
　⌢
　10 3　　　　3と 3で 6。

きほん② ❶ 11を 10と 1に わける。

10から 3 を ひくと 7。　　11－3
　　　　　　　　　　　　　 ⌢
7と 1 で 8 。　　　　　　10 1

❷ 3を 1と 2に わける。

11 から 1を ひくと 10。　　11－3
　　　　　　　　　　　　　　 ⌢
10 から 2を ひくと 8。　　 1 2

❷ ❶ 13－5＝ 8
　　　⌢
　　10 ③

❷ 13－5＝ 8
　　　⌢
　　 3 ②

てびき　くり下がりのあるひき算には、2通りの方法があります。
13－5の計算のしかたを考えます。

❶ 13－5　　　10から 5をひくと5。
　　⌢
　10 3　　　　5と 3で8。

❷ 13－5　　　13から 3をひくと10。
　　⌢
　　3 2　　　 10から 2をひくと8。

❶はこれまで学習した減加法（げんかほう）です。❷は、ひいて、ひくので減減法（げんげんぽう）といいます。ここでは、おもに❶の減加法を学びますが、❷の減減法が便利なこともあります。状況に応じて使い分けましょう。

27

③ ❶ 11－2=$\boxed{9}$
  ❷ 12－3=$\boxed{9}$
  ❸ 12－4=$\boxed{8}$
  ❹ 13－4=$\boxed{9}$
  ❺ 14－8=$\boxed{6}$
  ❻ 14－9=$\boxed{5}$
  ❼ 15－6=$\boxed{9}$
  ❽ 16－8=$\boxed{8}$
  ❾ 17－8=$\boxed{9}$

てびき ❶ 11－2=9　10から2をひくと8。
    10 1　　　　8と1で9。
  または、11－2=9　11から1をひくと10。
     1 1　　　　10から1をひくと9。
  ❷ 12－3=9　　10から3をひくと7。
   10 2　　　　7と2で9。
   12－3=9　　12から2をひくと10。
     2 1　　　　10から1をひくと9。
  ❸ 12－4=8　　10から4をひくと6。
   10 2　　　　6と2で8。
   12－4=8　　12から2をひくと10。
     2 2　　　　10から2をひくと8。
  ❽ 16－8=8　　10から8をひくと2。
   10 6　　　　2と6で8。
   16－8=8　　16から6をひくと10。
     6 2　　　　10から2をひくと8。
  どちらのやり方でも構いません。やりやすい
  方で計算しましょう。

80ページ きほんのワーク

きほん1
　〔3〕　　〔4〕　　〔5〕　　〔6〕
　11－8　11－7　11－6　11－5
　12－9　12－8　12－7　12－6
　　　　13－9　13－8　13－7
　　　　　　　14－9　14－8
　　　　　　　　　　15－9

❶ ❶ 12－$\boxed{5}$　　　❷ 14－$\boxed{7}$

  ❸ $\boxed{15}$－8　　　❹ 13－6

てびき ひき算カードを使って、答えが同じにな
る式を考えてみましょう。

---

② 11－3　12－$\boxed{4}$　13－5　14－$\boxed{6}$

  15－7　$\boxed{16}$－8　17－9　→

てびき ご家庭でもカード遊びを取り入れてみる
とよいでしょう。同じ答えになる式のカードを
集めたり、問題を出し合ったりして、楽しみな
がら、計算に強くなることができます。

81ページ れんしゅうのワーク❶

❶ ❶ 13を $\boxed{10}$ と 3に わける。
   10から $\boxed{6}$を ひくと 4。
   4と $\boxed{3}$で $\boxed{7}$。
  ❷ 16を 10と $\boxed{6}$に わける。
   10から 9を ひくと 1。
   $\boxed{1}$と 6で $\boxed{7}$。

❷ ❶ 11－$\boxed{2}$　　　❷ $\boxed{13}$－4
  ❸ 15－$\boxed{6}$　　　❹ $\boxed{12}$－3

❸ 〔れい〕
  りんごが 13こ あります。
  5こ たべました。
  のこりは なんこに なりますか。

82ページ れんしゅうのワーク❷

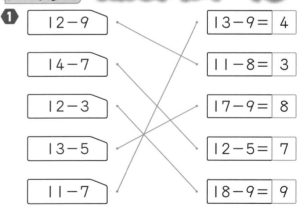

❶
　12－9　　　　13－9=$\boxed{4}$
　14－7　　　　11－8=$\boxed{3}$
　12－3　　　　17－9=$\boxed{8}$
　13－5　　　　12－5=$\boxed{7}$
　11－7　　　　18－9=$\boxed{9}$

❷ 12－$\boxed{4}$=8　　　11－$\boxed{3}$=8
  15－$\boxed{7}$=8　　　$\boxed{13}$－5=8
  $\boxed{14}$－6=8

てびき 答えが8になる2けた－1けたの計算
には、16－8、17－9などもあります。答え
が7や9になる計算も考えてみましょう。

まとめのテスト

1
① 11−4＝7
② 12−6＝6
③ 13−7＝6
④ 11−6＝5
⑤ 17−8＝9
⑥ 14−5＝9
⑦ 12−8＝4
⑧ 16−7＝9
⑨ 15−6＝9
⑩ 13−6＝7
⑪ 16−9＝7
⑫ 14−8＝6

てびき 間違えた問題は、必ずやり直しておく習慣をつけましょう。間違えても、やり直して、正しくできるようになれば大丈夫です。苦手な計算をつくらないように、今のうちからフォローしておきましょう。

2 しき 12−4＝8　　　　　こたえ 8 ほん

てびき 文章題を解くときには、文を読んですぐに式を書くのではなく、問題の場面をイメージしてから式にするようにしましょう。

12本のうち　　4本使うと　　残りは？

上の図のように表してもよいですし、使ったものに斜線をつけるといった表現でもよいです。お子さんが、絵や図に表して考えようとしていたら、ぜひほめてあげてください。

4本使った。

3 しき 16−8＝8
こたえ あかい いろがみが、8 まい おおい。

てびき こちらもひき算の式になりますが、**2**の問題が残りを求めるひき算（求残）であったのに対し、**3**は数量の違いを求める問題（求差）です。

あか ●●●●●●●●●●●●●●●●
あお ●●●●●●●●
　　　　　　　　　　おおい

　たとえば、16枚の色紙から8枚使ったときの残りを求めるときにも、式は16−8（＝8）になります。これを図に表すと、

または

となります。
　図に表して考える習慣を身につけることで、思考力も高めることができます。1年生のうちに、文章を絵や図に表し、場面をイメージするようにしておきましょう。

やってみよう！

【もんだい】
　①〜④の もんだいに あう しきと こたえを ⑦〜⑨から えらびましょう。

① あかい えんぴつが 8ほん、あおい えんぴつが 4ほん あります。えんぴつは、あわせて なんぼん ありますか。

② えんぴつが 12ほん あります。そのうち 4ほんを けずりました。まだ けずって いない えんぴつは なんぼん ありますか。

③ あかい えんぴつが 8ほん、あおい えんぴつが 4ほん あります。あかい えんぴつは、あおい えんぴつより なんぼん おおいですか。

④ あかい えんぴつが 6ぽん、あおい えんぴつが 4ほん あります。みどりの えんぴつを 3ぼん もらうと、えんぴつは ぜんぶで なんぼんに なりますか。

⑦ 8＋4	⑦ 8−4
⑦ 6＋4＋3	⑦ 6＋4−3
⑦ 12−4	⑦ 12＋4
⑦ 12ほん	⑦ 4ほん
⑦ 6ぽん	⑦ 13ぽん
⑦ 8ほん	⑦ 10ぽん

【こたえ】
①⑦⑦　②⑦⑦　③⑦⑦　④⑦⑦

てびき たし算とひき算、3つの数の計算の文章題を混ぜて出題しています。たし算の勉強をしているときはたし算、ひき算の勉強だからひき算と、文章をよく読まずに立式するお子さんもいます。文章をよく読み、どんな場面になるか、どんな式を作ればよいかを考える習慣をつけましょう。

⑭ おおきい かず

84・85ページ きほんのワーク

きほん1 10が 4こで 40。

十のくらい	一のくらい
4	3

① ❶ 45 　　　　❷ 60
❷ ❶ 65 　　　　❷ 53

てびき 10のまとまりごとに数えます。❶は 10個入り1箱が6箱、ばらが5個で65。 ❷は10のまとまりを◯で囲んで数えましょう。

きほん2 ❶ ▭▭▭▭▭▭▭▭▭▭ が 4こで 40。

▱ が 7こで 7。40と 7で 47。

❷ 47は 十のくらいが 4 で、一のくらいが 7。

③ ❶ 10が 8こで 80、1が 6こで 6、 80と 6で 86

❷ 10が 7こで 70
❸ 94は、10が 9 こと 1が 4 こ
❹ 60は、10が 6 こ

④ ❶ 十の くらいが 6、一のくらいが 3の かずは 63

❷ 十の くらいが 5、一のくらいが 0の かずは 50

❸ 80の 十のくらいの すうじは 8、 一のくらいの すうじは 0

86・87ページ きほんのワーク

きほん1 100

10が 10こで、百
100は、99より 1 おおきい かず

① ❶ 72 　　　　❷ 91

② ❶ 76-77-78-79-80-81-82-83
❷ 30-40-50-60-70-80-90-100

きほん2 100と 4で 104

③ 122

④ ❶ 97-98-99-100-101-102
❷ 107-108-109-110-111-112
❸ 119-120-121-122-123-124

⑤ ❶ 60◯71 　❷ 102◯98 　❸ 120◯112
　( )(◯) 　(◯)( ) 　(◯)( )

88・89ページ きほんのワーク

きほん1 ❶ 40+5= 45
❷ 45-5= 40

① ❶ 30+4= 34
❷ 50+6= 56
❸ 32-2= 30
❹ 74-4= 70

てびき
❶ ⑩⑩⑩⑩ ①①①①①
❸ ⑩⑩⑩⑩ ◯①① →
つまずきが見られ たら、具体物（お 金など）で考えて みましょう。

② ❶ 53+4= 57
❷ 45+2= 47
❸ 72+3= 75
❹ 67-5= 62
❺ 68-3= 65
❻ 79-4= 75

てびき
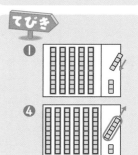

きほん2 ❶ 40+30= 70
❷ 70-20= 50

③ ❶ 20+30= 50
❷ 20+60= 80
❸ 10+30= 40
❹ 40+60= 100
❺ 70+30= 100
❻ 20+80= 100

④ ❶ 40-10= 30
❷ 80-30= 50
❸ 70-40= 30
❹ 90-60= 30
❺ 100-40= 60
❻ 100-50= 50

てびき 10のまと まりで考えます。 ❶ 20+30は、 10が2+3で 5つだから、 50になります。

てびき ひき算も、 10のまとまりで 考えて計算しま しょう。

⑤ しき 30+40=70 　　こたえ 70 円

90ページ れんしゅうのワーク

① ❶ 67-68-69-70-71-72
❷ 50-60-70-80-90-100
❸ 63より 4 おおきい かず 67
❹ 95より 2 ちいさい かず 93
❺ 58より 5 おおきい かず 63

❷ [100]→[91]→[79]→[54]→[37]

❸ [しき] [60−20＝40]　　　こたえ（40まい）

てびき　10のまとまりで考えます。10のまとまりが6つあり、2つ使ったので、6−2＝4だから、40枚残ります。

91ページ まとめのテスト

1 ❶ 54　　　　　　　　❷ 112

2 ❶ 10が　4こと　1が　9こで　[49]

❷ 80は、10が　[8]こ

❸ 十のくらいが　9、一のくらいが　7の
　　かずは　[97]

❹

100　[103]　110　[116]　120

3 ❶ 70＋10＝[80]

❷ 60＋40＝[100]

❸ 60−30＝[30]

❹ 100−20＝[80]

❺ 40＋5＝[45]

❻ 54−4＝[50]

❼ 63＋6＝[69]

❽ 78−3＝[75]

てびき　大きな数は、10のまとまりで考えるのが基本です。10のまとまり、100のまとまり、1000のまとまり、10000のまとまり、…と、学年が上がるごとに数の世界が広がっていきます。ただ、小さなお子さんにとって、10以上の数はあまりイメージが持てないことが多いようです。イメージがつかめていないと感じたら、お金など具体的なものにおきかえて、考えるよう促してください。

　100−40でしたら、100円玉を見せ、40円使ったら、いくら残る？　と問いかけます。理解度によっては、100円を10円玉10個に並べかえてから、10円玉4個を取り除くといった操作をしてみるとよいでしょう。

---

⑮ どちらが ひろい

92・93ページ きほんのワーク

きほん1

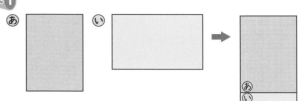

ひろいのは→ [い]

❶
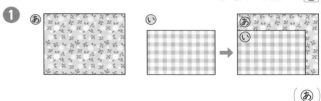

（あ）

❷ （い　→　う　→　あ）

👉 たしかめよう！

　もんだいの　えは、3まいを　ひだりと　うえで　そろえて　かさねて　いるね。いちばん　したに　あるのに　もようが　みえて　いる　いが　いちばん　ひろいと　わかるよ。あの　したで　もようが　みえて　いる　うの　ほうが　あより　ひろいと　わかるね。

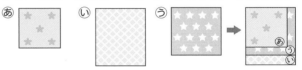

　もんだいは、「ひろい　じゅんに　かきましょう。」だから、い→う→あと　こたえるよ。

てびき　ここでは、面積を比較します。端を揃えて重ねる比べ方から始まり、同じ広さのものの数を数える比べ方へ進みます。

❷ 重ねて比べるときには、端を揃えることが大切です。

きほん2

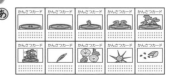

あは　カードの　[10]まいぶん。

いは　[9]まいぶん。

ひろいのは→[あ]

❸ い

31

てびき 「⑧は 6 枚、⑪は 8 枚だから、⑪が 広い。」のような説明をお子さんに促してみてください。声に出して説明することで、論理的な思考力を養うことができます。

④ ❶ あか　　　　❷ あお

てびき ❶ 赤は 8 つ分、青は 7 つ分ですから、赤が広いことがわかります。同じ広さのものいくつ分で考える方法を身につけましょう。

94 ページ　れんしゅうのワーク

❶ ⑧　　　　　　⑪

（⑧）

てびき ⑧は 12 枚、⑪は 10 枚なので、⑧の方が広いです。

❷ （ ⑧ → ⑨ → ⑪ ）

てびき 畳の枚数（何畳）で広さを考えます。⑧は 8（畳）、⑪は 3（畳）、⑨は 6（畳）です。

❸ ⑪

たしかめよう！

⑧の はこが ⑪の はこに はいったので、⑪の ほうが おおきいと わかるね。

てびき 体積（容積）を比較する応用問題です。

95 ページ　まとめのテスト

1 ❶ ⑧　　　　　❷ ⑪

2 ⑧

てびき 絵が何枚貼ってあるかで比べます。⑧は 9 枚、⑪は 8 枚貼ってあります。

3 ❶ あお　　　　❷ あか

たしかめよう！

❶ あかが □の 17こぶん、
　あおが □の 18こぶん。
❷ あかが □の 18こぶん、
　あおが □の 17こぶん。

⑯ なんじなんぷん

96・97 ページ　きほんのワーク

きほん1

みじかい はりが
・7と 8の あいだ→7じ
・ながい はりが 3→15ふん

7 じ 15 ふん

❶ ❶
　　❷

（ 3 じ 40 ぷん ）　　（ 9 じ 10 ぷん ）

❸ 　　❹

（ 8 じ 25 ふん ）　　（ 5 じ 45 ふん ）

てびき 短針で何時を、長針で何分を読むことが理解できていますか。普段から時計をよく見て、読む練習をしましょう。

時刻を読み取る難しさの 1 つは、長針のさしている所が、数字の 1 であれば 5 分、2 なら 10 分、…というように、読みかえが必要なことです。5 の段の九九を習っていないので、「読みかえに慣れる」ことが一番の攻略法です。

きほん2

7じ 58 ふん ➡ 7じ 59 ふん ➡ 8 じ ➡ 8じ 1 ぷん

てびき 長針が指す 1 目もりが 1 分を表しています。1 目もりが 1 分で、5 つずつ大きな目もりになっていること、長針が 1 回りすると短針が 5 目もり分（数から数へ）動くこと…大人にしてみたら、あたりまえのことですが、1 年生にとっては大発見です。目覚まし時計などを実際に動かしてみることで、理解を深めましょう。

②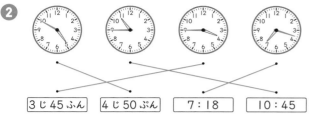

| 3 じ 45 ふん | 4 じ 50 ぷん | 7：18 | 10：45 |

③ ❶ 11 じ 25 ふん
　❷ 5 じ 55 ふん

③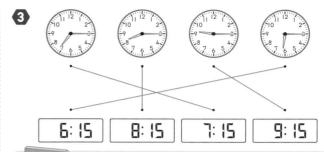

| 6：15 | 8：15 | 7：15 | 9：15 |

てびき 日常生活では、針のある時計の他に、デジタルの時計もよく使われます。両者の時間の表し方を比べてみましょう。

99 ページ **まとめのテスト**

1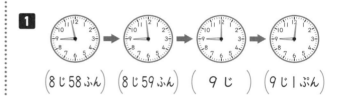

（ 8 じ 58 ふん ）（ 8 じ 59 ふん ）（ 9 じ ）（ 9 じ 1 ぷん ）

2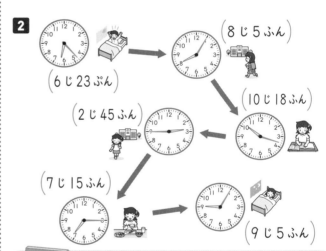

（ 6 じ 23 ぷん ）　（ 8 じ 5 ふん ）
（ 2 じ 45 ふん ）　（ 10 じ 18 ふん ）
（ 7 じ 15 ふん ）　（ 9 じ 5 ふん ）

たしかめよう！

❶は、みじかい　はりが　11 と　12 の
あいだに　あって、ながい　はりが　5 を　さして
いるね。みじかい　はりが　11 と　12 の
あいだに　ある　ときは、ちいさい　ほうの　かずを
よむから、11 じ。5 は　25 ふんと　いう
いみだから、11 じ 25 ふんだね。

❷は、みじかい　はりが　6 に　ちかいから、
6 じ 55 ふんと　よみまちがえる　ことが
おおいけれど、ながい　はりが　11 を　さして
いるから、まだ　6 じには　なって　いないよ。

98 ページ **れんしゅうのワーク**

❶ ❶ 　❷ 　❸

（ 10 じ 21 ぷん ）（ 7 じ 9 ふん ）（ 2 じ 35 ふん ）

❷ ❶ 1 じ 45 ふん　❷ 9 じ 20 ぷん　❸ 6 じ 3 ぷん

たしかめよう！

ながい　はりの　1 目もりは　1 ぷんだったね。
5 ふん　ごとの　よみかたも　かくにんして
おこう。

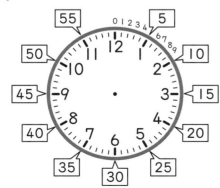

てびき 時計の単元は、学校での学習時数も少ないため、家庭でのフォローが大切です。予想外に時計を読めないお子さんが多いのが実情です。朝起きたら時計を見る、出かけるときには時計をチェックするなど、毎日の生活の中で時計を見る機会を増やしましょう。2 年生になると、午前・正午・午後も学びます。2 の問題でも、お子さんの興味に応じて、朝起きたのは「午前 6 時 23 分」、夜寝るのは「午後 9 時 5 分」のように、午前・午後をつけて言ってみてもいいでしょう。

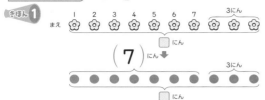

100・101ページ きほんのワーク

きほん**1**

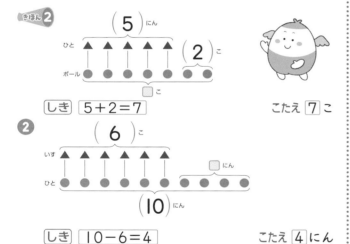

しき 7＋3＝10　　こたえ 10にん

❶

（12）にん

（4）にん　□にん

しき 12－4＝8　　こたえ 8にん

てびき 何番目と何人の違いを正しく理解できて
いないお子さんが多く見られます。つまずき
を見つけたら、14ページに戻って、もう一
度確認しておきましょう。つまずいたら前に
戻って学習する習慣を、1年生のうちに身に
つけましょう。

きほん**2**

（5）にん
（2）こ
□こ

しき 5＋2＝7　　こたえ 7こ

❷

（6）こ
□にん
（10）にん

しき 10－6＝4　　こたえ 4にん

👆たしかめよう！

もんだいを　とくときは、すぐに　しきを
かくのではなく、ばめんを　かんがえて　みよう。
❷の　もんだいでは、10にんで　しゃしんを
とるときに、いすが　6こ　ある　ばめんを
そうぞうしよう。　6この　いすに
ひとりずつ　すわると、いすが　たりないのは
わかるかな。　あと　なんこ　あれば　たりるかな。

102・103ページ きほんのワーク

きほん**1**

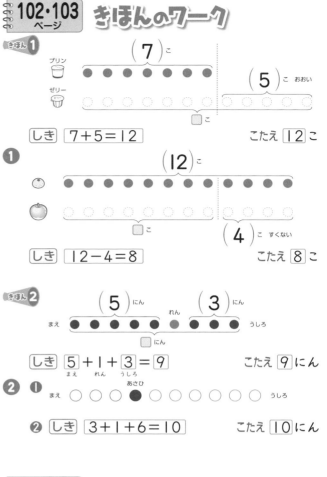

プリン　（7）こ
ゼリー　（5）こ おおい
□こ

しき 7＋5＝12　　こたえ 12こ

❶

（12）こ
□こ
（4）こ すくない

しき 12－4＝8　　こたえ 8こ

きほん**2**

（5）にん　れん　（3）にん
まえ　うしろ
□にん

しき 5＋1＋3＝9　　こたえ 9にん

❷❶ まえ ○○○●○○○○○○ うしろ
あさひ

❷ しき 3＋1＋6＝10　　こたえ 10にん

104ページ れんしゅうのワーク

❶ しき 6＋5＝11　　こたえ 11にん
❷ しき 14－8＝6　　こたえ 6にん
❸ しき 13－6＝7　　こたえ 7こ

てびき ガムはあめより6個少なく買ったので、
式は 13－6 になります。

❹ しき 3＋1＋4＝8　　こたえ 8にん

105ページ まとめのテスト

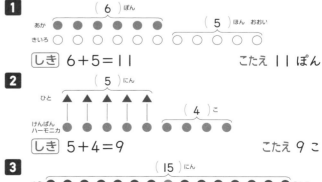

❶
あか（6）ぽん
きいろ（5）ほん おおい

しき 6＋5＝11　　こたえ 11ぽん

❷
（5）にん
（4）こ
けんばん
ハーモニカ

しき 5＋4＝9　　こたえ 9こ

❸
（15）にん
まえ　うしろ
（8）ばんめ

しき 15－8＝7　　こたえ 7にん

⑱ かたちづくり

106・107ページ きほんのワーク

きほん1

❶
4 まい

❷
4 まい

❸
3 まい

てびき 上の図の分け方は例です。
1年生の時期に、色板や棒を並べる遊びをしておくと、学年が上がってから、図形の問題に対するハードルが下がることになるでしょう。できるだけ手を動かし、図形感覚を身につけておきましょう。

① あ、え、か

てびき 6枚でできているあ、え、か以外も、色板の枚数を数え、確かめておきましょう。①は8枚、⑤は5枚、おは8枚、きは7枚でできています。

②

はじめの かたち

うごかしたのは → (え) (あ) (あ)

❶ ❷ ❸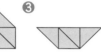

たしかめよう!

❶ ❷ ❸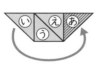

どの 1まいを うごかしたか、しっかりかくにんして おきましょう。

きほん2

❶
7 ほん

❷
10 ぽん

❸
13 ぼん

❸ 〔れい〕　　　〔れい〕

 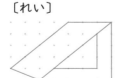

108ページ れんしゅうのワーク

❶ ❶ お、き　　❷ う　　❸ え

たしかめよう!

あは 4まい、①も 4まい、うは 3まい、えは 4まい、おは 5まい、かは 6まい、きは 5まいで できて いる ことを たしかめておきましょう。

❸ 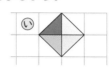　

①の 2まいを うごかすと、えに なります。

❷ ❶ 12 ほん　　❷ 18 ほん

109ページ まとめのテスト

❶ ❶
(8まい)

❷
(4まい)

❸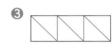
(6まい)

❹
(4まい)

❺
(4まい)

❻
(4まい)

てびき 上の図の分け方は例です。頭で考えるだけでなく、実際に三角形の紙を切って並べ、動かしてみると、理解が深まります。1年生のときには、できるだけ具体物を使って手先を使い、試行錯誤しておくと、学年が上がってからの学びに差がつきます。

❷ 〔れい〕

あなたの つくった かたちの なまえは?
(チューリップの はな)

35

まとめのテスト❶

1
❶ 5+7= 12
❷ 9−3= 6
❸ 8+0= 8
❹ 16−9= 7
❺ 14+3= 17
❻ 88−8= 80
❼ 30+60= 90
❽ 70−20= 50
❾ 7+3+8= 18
❿ 15−5−3= 7
⓫ 11+4−5= 10
⓬ 10−7+2= 5

てびき 1年生で学んだ、くり上がり、くり下がりのあるたし算、ひき算、3つの数の計算、大きい数の計算が確実にできているかどうかを確認してください。

特に、くり上がり、くり下がりは間違えずに計算できるようにしておきましょう。

❶くり上がりのあるたし算です。7を5と2に分けて考える方法と、5を2と3に分けて考える方法があります。

❹くり下がりのあるひき算です。16を10と6に分けて考える方法と、9を6と3に分けて考える方法があります。

❺2けたの数(たされる数)を「10と〇」に分けて考えましょう。14は10と4。4+3=7だから、14+3=17

❼何十のたし算は、10のまとまりで考えます。30+60は10のまとまりが3つと6つで、あわせて9。10が9つで90。

❽何十のひき算は、たし算と同じように、10のまとまりで考えます。70−20は10のまとまりが7つと2つで、ちがいは5つ。答えは50。

❾～⓬3つの数の計算です。

❾は7+3=10、10+8=18というように、前から順に計算していきます。

❿は15−5=10,10−3=7と考えます。3つの数の計算につまずくお子さんも多いです。一度に計算しようとせず、前から順に、一つ一つていねいに取り組みましょう。

2
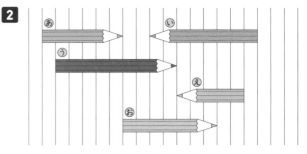

(う)→(い)→(お)→(あ)→(え)

👆 **たしかめよう!**

いくつぶん あるかを かぞえます。
あ→6つぶん　い→8つぶん　う→9つぶん
え→5つぶん　お→7つぶん

👆 **やってみよう!**

【もんだい】
まんなかの かずに、まわりの かずをたしましょう。

❶ 花の図（中央：5 4 2 8 7 3 8）
❷ 花の図（中央：8 7 5 7 6 9）

【こたえ】
❶ 花の図（13 12 10 5 4 2 8 7 15 3 8 11 16）
❷ 花の図（15 14 8 7 12 5 7 6 13 9 16）

まとめのテスト❷

1
❶ 76 − 77 − 78 − 79 − 80 − 81
❷ 115 − 116 − 117 − 118 − 119 − 120
❸ 60 − 70 − 80 − 90 − 100 − 110

てびき ❸は10ずつ増えているので70、100、110が入ります。

2
❶ 67は、10が 6 こと 1が 7 こ
❷ 10が 10 こで 100
❸ 83の 十のくらいの すうじは 8 、
　 一のくらいの すうじは 3
❹ 75より 3 おおきい かずは 78

3 ❶ （8じ15ふん）　❷ （2じ45ふん）　❸ （7じ5ふん）

👉 たしかめよう！

　とけいの　よみかたは　わかって　いますか。
みじかい　はりで　なんじ、ながい　はりで
なんぷんを　よみます。
❶は、みじかい　はりが　8と　9の　あいだに
　あって、ながい　はりが　3を　さして　いるから、
　8じ15ふんを　あらわして　います。
❷は、みじかい　はりが　2と　3の　あいだに
　あって、ながい　はりが　9を　さして　いるから、
　2じ45ふんです。みじかい　はりが　3の
　ちかくに　あるけれど、まだ　3じには　なって
　いません。

👉 やってみよう！

【もんだい】
　したの　えを　みて、❶〜❸の　□に
あう　かずを　かきましょう。

うえ

🍌	🍓	🍊	🥬	🍇
🍆	🍌	🍎	🍉	🥕
🍊	🍑	🍍	🍒	🎃
🍅	🧅	🍊	🧅	🥕

ひだり　　　　　　した　　　　　　みぎ

❶ 🍍は、🍓から、みぎに　□つ、
　うえに　□つ　すすんだ　ところに
　あります。
❷ 🍈は、🍉から、ひだりに　□つ、
　したに　□つ　すすんだ　ところに
　あります。
❸ 🍑は、ひだりから　□ばんめ、
　うえから　□ばんめに　あります。

【こたえ】　❶ 2、1　❷ 3、1　❸ 2、3

👉 てびき

　1年生でつまずきやすいのが、なんばん
めの学習です。上から下から、右から左から、
と起点を変えることで表現が変わります。
　右にいくつ、左にいくつ進むという考え方は、
プログラミング学習の基礎固めにもなります。
上の問題以外にも、りんごやバナナ、さくらん
ぼなどの位置を言ってみましょう。

112ページ 　まとめのテスト❸

1 ❶ しき 13＋6＝19　　こたえ 19まい
　　❷ しき 13−6＝7　　こたえ 7まい

👉 てびき

　❶はたし算、❷はひき算を使って求めま
す。問題場面をイメージしてから立式している
かどうか、確認しましょう。

2 しき 8＋5＝13　　こたえ 13こ

👉 てびき

　8−5＝3と答える間違いが見られます。
文章を正しく読み取り、ドーナツは8個のプリ
ンよりも5個多いので、8＋5で求められるこ
とを理解しましょう。

👉 やってみよう！

【もんだい】
　まんなかの　かずから、まわりの　かずを
ひきましょう。

❶ 🌼 （3 2 / 9 1 5 / 6 4）　　❷ 🌼 （5 6 / 8 13 9 / 4 7）

【こたえ】
❶ 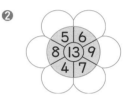　　❷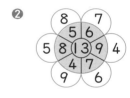

3 ❶（3）まい　　❷（2）まい
　　❸（8）まい　　❹（8）まい

👉 たしかめよう！

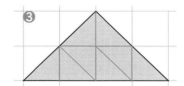

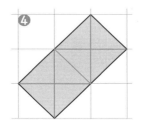

〔れい〕
　せんの　ように
くぎる　ことが
できます。

37

夏休みのテスト①

1 🍰 4 こ　🍌 6 ぽん

2 ❶

| 1 | 2 | 3 | 4 | 5 | 6 |

❷

| 10 | 9 | 8 | 7 | 6 | 5 |

3 ❶

(○) ( )

❷
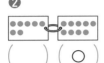
( ) (○)

❸

| 6 | 7 |
( ) (○)

❹

| 8 | 5 |
(○) ( )

4 ❶

まえ　　　　　　　　　　　うしろ

❷

まえ　　　　　　　　　　　うしろ

5 ❶

5 / 3 2

❷

8 / 6 2

❸
10 / 4 6

❹
10 / 2 8

❺ 9 は 3 と 6
❻ 8 は 3 と 5
❼ 10 は 5 と 5
❽ 10 は 6 と 4

> **てびき** 10までの数の合成・分解は、たし算、ひき算のもととなる大切な考え方です。つまずきが見られたら、確実にできるように、声に出して練習しておきましょう。

夏休みのテスト②

1 ❶ 7　　　　❷ 9
❸ 7　　　　❹ 10
❺ 10　　　❻ 8

---

2 ❶ 4　　　　❷ 7
❸ 1　　　　❹ 7
❺ 0　　　　❻ 6

> **てびき** **1** **2** では、くり上がりのないたし算、くり下がりのないひき算を扱います。2学期には1年生でつまずきやすいくり上がりのあるたし算、くり下がりのあるひき算を学習しますので、しっかりできるようにしておきましょう。特に、0の出てくる計算は間違えやすいので、注意してあげてください。

3 ❶  (○)
❷ 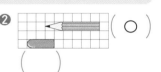 (○)
( )　　　　　　( )

4 [しき] 3+5=8　　こたえ 8 ほん
5 [しき] 8−6=2　　こたえ 2 まい

冬休みのテスト①

1 ❶ 26 こ　　❷ 17 こ

> **てびき** ❶ 10個入りの箱が2箱と、ばらが6個で26個です。
> ❷ 2個入りのパックが8パックと、ばらが1個で17個です。2、4、6、8、…と2飛びで数える数え方も押さえておきましょう。

2 ❶ 4 じ　　❷ 10 じはん
3 ❶ ( ) (○)　❷ (○) ( )

> **てびき** ❶ 同じ水の高さですが、入れ物の大きさ(底面積)が異なるところに着目しましょう。
> ❷ コップいくつ分かを数えて比べます。

4
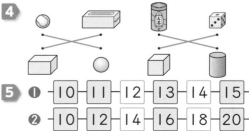

5 ❶

| 10 | 11 | 12 | 13 | 14 | 15 |

❷
| 10 | 12 | 14 | 16 | 18 | 20 |

6 ❶ 15　　　　❷ 13
❸ 18　　　　❹ 30
❺ 25　　　　❻ 31

冬休みのテスト②

1 ❶ 16 ❷ 17 ❸ 18
　 ❹ 11 ❺ 12 ❻ 17

2 ❶ 10 ❷ 15 ❸ 14
　 ❹ 9 ❺ 6 ❻ 3

> **てびき** くり上がり、くり下がりのある計算は、1年生でもっとも間違いが多い分野です。間違えた問題は、きちんとやり直しておきましょう。

3 ❶ 8 ❷ 5 ❸ 7 ❹ 5

4 しき 8＋4＝12　　こたえ 12 ひき

> **てびき** 初めに8匹いて、あとから4匹もらったので、たし算になります。

5 しき 15－7＝8　　こたえ 8 まい

> **てびき** 弟にあげて、残りを求めるから、ひき算になります。

学年末のテスト①

1 ❶
-92-93-94-95-96-97-
❷
-60-70-80-90-100-110-

> **てびき** ❷ 80、90と10増えていることから考えます。100の次に110を書けるかを確かめましょう。

2 ❶ （2 じ 55 ふん）　❷ （7 じ 25 ふん）

> **てびき** どちらも1年生で間違えやすい問題です。時計を読めないお子さんが増えています。毎日の生活の中で、できるだけ時計を読む習慣を身につけておきましょう。

3 ❶  かさねると ⇒
　（　）（○）
❷
（○）（　）

---

❸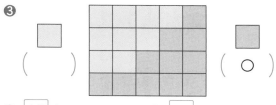
　（　）　　　（○）

4 ❶ 12 まい　　❷ 9 まい

> **🖐 たしかめよう！**
> せんで くぎって かんがえよう。
> ［れい］
>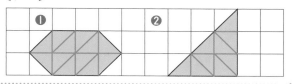

5 ❶ 74 は、70 と 4 をあわせた かず
　❷ 74 は、80 より 6 ちいさい かず
　❸ 74 は、70 より 4 おおきい かず
　❹ 85 より 3 おおきい かずは 88
　❺ 68 より 2 ちいさい かずは 66
　❻ 10 を 10 こ あつめた かずは 100

学年末のテスト②

1 ❶ 6 ❷ 15
　 ❸ 9 ❹ 6
　 ❺ 15 ❻ 25
　 ❼ 10 ❽ 3
　 ❾ 16 ❿ 90
　 ⓫ 12 ⓬ 60
　 ⓭ 16 ⓮ 11
　 ⓯ 3 ⓰ 30
　 ⓱ 10 ⓲ 13
　 ⓳ 8 ⓴ 0

> **てびき** 1年生で学ぶたし算、ひき算をまとめています。くり上がり、くり下がりの意味を理解しているかどうかをチェックしてください。

2 ❶ しき 7＋12＝19　　こたえ 19 にん
　❷ しき 12－7＝5
　　　　　こたえ こどもが 5にん おおい。

3 しき 14－6＝8　　こたえ 8 こ

4 しき 30＋40＝70　　こたえ 70 まい

> **てびき** 問題を正しく読み、式をつくることができるかどうかを見る問題です。

39

1

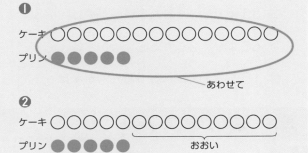

(13)にん

まえ (6)にん　　□にん

しき 13－6＝7　　こたえ 7にん

てびき 文章をよく読んで、（ ）に数を書き入れて考えます。

2 ❶ しき 14＋5＝19　　こたえ 19こ
　　 ❷ しき 14－5＝9
　　　　　　　　こたえ ケーキが 9こ おおい。

てびき 問題文に出てくる14と5という数字だけを見て、式を書かないように気をつけましょう。文章題は、図にかいて考える習慣を身につけたいものです。

❶
ケーキ ○○○○○○○○○○○○○○
プリン ●●●●●
　　　　　　　　　　　　あわせて

❷
ケーキ ○○○○○○○○○○○○○○
プリン ●●●●●
　　　　　　　　　　おおい

3

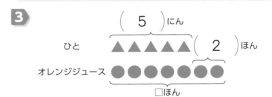

(5)にん
ひと ▲▲▲▲▲ (2)ほん
オレンジジュース ●●●●●●●
　　　　　　　　　　□ほん

しき 5＋2＝7　　こたえ 7ほん

てびき この問題は、オレンジジュースが1人に1本であることに注意しましょう。「本」と「人」のように数え方が違っても、このようにして答えを求めることができます。

4

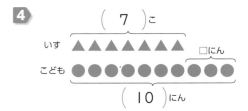

(7)こ
いす ▲▲▲▲▲▲▲ □にん
こども ●●●●●●●●●●
　　　　　　　　(10)にん

しき 10－7＝3　　こたえ 3にん

てびき この問題も **3** と同様、「個」と「人」という数え方が異なる問題です。

---

1 しき 9＋5＝14　　こたえ 14ほん

てびき

　　　　　　　9ほん
あかい はな ●●●●●●●●●
きいろい はな ○○○○○○○○○○○○○
　　　　　　　　　　5ほん おおい

図に、問題文からわかることを書き込んで考えましょう。

2

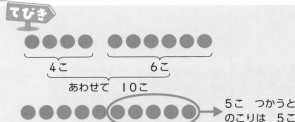

🍬 ●●●●●●●●●●●●
🍫 ●●●●●●●●●○○○
　　　　　　　(3)こ すくない

しき 12－3＝9　　こたえ 9こ

3 しき 4＋6－5＝5　　こたえ 5こ

てびき

●●●● ●●●●●●
4こ　　　6こ
あわせて 10こ

●●●●●●●●●● → 5こ つかうとのこりは 5こ

3つの数の計算です。順を追って考えていきましょう。

4

しろ ○○○○○○○○○○○○○○○
あか ●●●●●●●●○○○○○○○
　　　　　　　(7)こ すくない

しき 15－7＝8　　こたえ 8こ

5

(3)にん　　　(6)にん
まえ ○○○●○○○○○○○うしろ
　　　　　まみ

しき 3＋1＋6＝10　　こたえ 10にん

てびき 図を使って考える問題です。論理的な思考力を養うために、図に表すことを大切にしましょう。まみさんを含めて数えるのか、含めないで数えるのか、がポイントです。まずは文章をよく読みましょう。